岩体边坡振动台模型

试验技术及典型案例分析

宋丹青　唐欣薇　郑月昱◎著

U0286466

中国建筑工业出版社

图书在版编目（CIP）数据

岩体边坡振动台模型试验技术及典型案例分析 / 宋丹青，唐欣薇，郑月昱著. -- 北京 ：中国建筑工业出版社，2025. 2. -- ISBN 978-7-112-30840-8

Ⅰ. TU457

中国国家版本馆 CIP 数据核字第 2025TD5150 号

本书系统地介绍了岩体边坡振动台模型试验的方法论，包括相似材料设计、模型箱设计、地震波选取与加载、传感器与测量技术等。书中阐述了岩体边坡振动台模型试验的基本原理，展示了先进的数据处理技术，并提供了丰富的案例分析，为相关领域的研究提供新的视角与方法。主要内容包括：概述；岩体边坡振动台模型试验方法；隧道口顺层岩体边坡振动台模型试验；地震高烈度区顺层岩体边坡振动台模型试验；地震与库水耦合作用下岩体边坡振动台模型试验；地震与降雨耦合作用下岩体边坡振动台模型试验。

本书可供地质工程、岩土工程、防震减灾等领域的科研人员、工程师及高等院校相关专业师生参考。

责任编辑：辛海丽

文字编辑：王　磊

责任校对：李美娜

岩体边坡振动台模型试验技术及典型案例分析

宋丹青　　唐欣薇　　郑月昱◎著

*

中国建筑工业出版社出版、发行（北京海淀三里河路 9 号）

各地新华书店、建筑书店经销

国排高科（北京）人工智能科技有限公司制版

建工社（河北）印刷有限公司印刷

*

开本：787 毫米×1092 毫米　1/16　印张：9½　字数：196 千字

2025 年 2 月第一版　　2025 年 2 月第一次印刷

定价：**49.00** 元

ISBN 978-7-112-30840-8

（44459）

前言
—— • FOREWORD • ——

岩体边坡的稳定性直接关系到工程安全和人民生命财产安全。随着工程建设的不断深入，岩体边坡的稳定性问题日益突出，因此成为岩土工程界亟待研究和解决的课题。振动台模型试验作为一种模拟地震等动荷载作用下岩体边坡响应的有效手段，对于揭示岩体边坡的破坏机理、评估其稳定性具有重要意义，因此成为目前研究岩土工程动力响应中最为常用的一种试验方法。

本书系统地介绍了岩体边坡振动台模型试验的方法论，包括相似材料设计、模型箱设计、地震波选取与加载、传感器与测量技术等。书中阐述了岩体边坡振动台模型试验的基本原理，展示了先进的时间域、频率域和时频域等数据处理技术。

本书结合了理论与实践，并提供了丰富的案例分析，包括高烈度地震作用、地震与库水耦合作用、地震与降雨耦合作用等不同工况下岩体边坡的动力响应特性，深化了岩体边坡动态稳定性研究，可作为高等院校相关专业的教材参考资料。

全书共 6 章。第 1 章为概述，主要介绍了岩质边坡地震稳定性研究方法、地震破坏模式、动力响应分析方法与震害识别方法；第 2 章介绍了岩体边坡振动台模型试验方法；第 3 章介绍了隧道口顺层岩体边坡振动台模型试验；第 4 章介绍了地震高烈度区顺层岩体边坡振动台模型试验；第 5 章介绍了地震与库水耦合作用下岩体边坡振动台模型试验；第 6 章介绍了地震与降雨耦合作用下岩体边坡振动台模型试验。

本书由华南理工大学宋丹青、唐欣薇和郑月昱著。编著人员分工如下：第 1 章，宋丹青、唐欣薇；第 2 章，唐欣薇、郑月昱、李平涛；第 3 章，史万鹏、麦胜文；第 4 章，麦胜文、史万鹏、胡楠；第 5 章，刘晓丽、麦胜文、史万鹏；第 6 章，黄坤朋、胡楠、董利虎。

谨以此书献给所有为本书科研工作付出艰辛工作的单位与个人。

限于作者水平，书中不妥之处在所难免，诚盼读者不吝赐教。

宋丹青
2024 年 11 月 6 日于广州

目录
CONTENTS

概　述

1.1 岩质边坡地震稳定性研究方法

岩质边坡的地震稳定性日益受到关注，目前，边坡地震稳定性常用的分析方法主要包括拟静力法、Newmark 滑块分析法、数值计算方法和模型试验方法[1]。

1. 拟静力法

拟静力法具有简便易操作等优点，被广泛应用于边坡稳定性分析中。Radoslaw 等对边坡稳定性通过准静态方法利用旋转破坏机理进行了研究[2]。但是，地震作用是一个随机的变量，导致利用拟静力法评价边坡的地震稳定性时具有局限性。该方法与边坡稳定性静力分析方法相似，均是根据极限平衡理论而来。由于利用不同方法得到的边坡稳定性安全系数差异，导致在实际工程应用中出现了任意性及不可靠性。为此，李海波等[3]采用离散元方法以及拟静力法研究顺层边坡的地震稳定性，结果表明，利用拟静力方法分析得到的边坡安全系数与设防烈度具有反比关系，传统的拟静力法不适用于顺层边坡的地震稳定性评价，即传统的拟静力法并不完全适用于所有类型的边坡稳定性评价。针对边坡的地震稳定性，拟静力法未将地震的振动频率、次数及持时和岩土体的动力特性等充分考虑。因此，利用拟静力法研究岩质边坡的地震稳定性，特别是含软弱结构面岩质边坡，拟静力方法仍需要完善和探索。

2. Newmark 滑块分析法

在 Newmark 滑块分析法中，屈服地震强度系数是一项重要的评价参数。但是，由于未充分考虑动孔压，导致进行边坡稳定性评价时的屈服地震强度系数不是变量而是一个常数。针对顺层边坡，陈训龙等[4]通过结合 Newmark 滑块分析法及 MATLAB/Simulink 工具，提出了一种新的地震稳定性评价方法。针对常规的 Newmark 方法，Kramer 等[5]进行了适当的修正，认为潜在滑动面的材料及永久位移与其动力响应具有密切关系。Wang 等[6]利用振动台试验，利用 Newmark 滑块分析法，评价了土质边坡的动力响应。李红军等[7]考虑了平均屈服加速度对 Newmark 滑移分析法进行了改进，提高了 Newmark 滑移分析法的精确度。程小杰等[8]利用 Newmark 累积位移法，将边坡坡向角和震源方位角隐去到计算中，提高了黄土滑坡地震稳定性评价中的精度。董建华等[9]基于 Newmark 滑块分析法认为边坡的永久位移是由两部分组成，包括地震过程中及地震后的位移，基于功能原理提出了震后边坡的永久位移模型。目前，许多学者改进了 Newmark 滑块分析法，也使其计算精度和适用性逐步提高，但是，针对永久位移的分析有待完善。

3. 数值计算方法

目前，数值计算方法被广泛应用于岩质边坡地震稳定性方面的研究，主要包括不连续变形分析方法、边界元法、离散元法、有限元法及数值流形法等。言志信等[10]采用连续介质力学分析软件 FLAC 建立顺层边坡模型，研究顺层边坡的动力稳定性，分析了地震动参数与顺层边坡地震响应的关系。刘蕾等[11]对含不连续节理的边坡，利用 FLAC/PFC[2D] 软件模拟了边坡的动力破坏过程，研究其地震动力破坏机理。Bray 和 Goodman[12]对岩体之间产生滑移和倾倒两种状态，假定岩块之间的变形模式会产生特定的摩阻力，为岩质边坡动力计算提供了新思路。Grenon 等[13]针对岩质边坡利用结构面网络模拟方法搜索及确定了岩体内楔形体滑动组合面。Che 等[14]采用 FEM 对含不连续节理岩质边坡的地震动力响应进行了研究，探讨了不同类型节理分布对其动力响应的影响。

有限元法主要采用 ABAQUS、ADINA、ANSYS 和 COSMOS 等软件，被广泛应用于许多领域。针对不连续介质、无限域、大变形及应力集中等问题，有限元方法具有较大的局限性。离散元方法（DEM）主要采用 3DEC、UDEC 2D/3D、PFC 2D/3D、EDEM 等，DEM 使块体间无变形协调约束，将非连续介质离散为多边体，允许可变形体或刚体间的位移及变形为非连续。DEM 适用于非连续介质和大变形问题的求解，主要被用于不连续岩体的大变形及破坏过程模拟。有限差分法[15]主要用于非连续介质大变形问题的求解，常用软件主要包括 FLAC 2D/3D 等。针对随时间变化的非线性的大变形问题，有限差分法能够有效地模拟，但是具有一定的局限性，其单元网格的划分及边界条件的随意性较大。DDA 是不连续变形分析方法常用的软件[16]，针对非连续面切割的块体系统利用块体元进行模拟，主要适用于模拟不连续岩体的移动、开裂等变形破坏过程，但是，在对参数选择具有局限性。因此，针对岩质边坡地震稳定性利用数值方法进行研究时，由于边界条件、网格划分及参数选取等局限性，分析岩质边坡动力稳定性时具有局限性。

4. 模型试验方法

振动台试验能够较为真实地模拟地震动对边坡变形的影响，被广泛应用于模拟边坡地震变形破坏过程。20 世纪 50 年代，Seed[17]采用振动台试验分析了核心坝的抗震能力，之后通过改进振动台，将其用于边坡的地震破坏机制方面的研究。Wang 等[6]利用大型振动台试验研究地震作用土质边坡的动力响应特征。Liu 等[18]利用振动台试验研究地形对边坡的地震放大效应的影响。Sun 等[19]通过建立具有非线性力学性质的粉质黏土层边坡模型，利用大型振动台试验研究多年冻土区滑坡的动力特性和破坏机理。Li 等[20]为研究不连续性对边坡的动力响应的影响，利用振动台试验研究不同外部荷载作用下边坡的动力响应特征。Fan 等[21]利用振动台试验，研究含顺向及反倾结构面岩质边坡的地震动力响应规律。针对含软弱夹层岩质边坡，Liu 等[22]利用振动台试验分析了地形及地质条件对边坡地震规律的影响。Huang 等[23]通过建立不同岩性的边坡模型，利用振动台试验研究岩性对边坡动力响应的影响机理。Lin 等[24]通过大型振动台试验，研究地震作用下不同加固方案对边坡动力特性的影响。Massey 等[25]基于振动台试验，针对不同岩性的边坡探讨了不同地质材料对动力稳定性的作用机理。针对含不连续结构面岩质边坡，Song 等[26-27]利用振动台试验研究其动力响应规律及破坏过程。

在国内，许多学者利用振动台试验针对岩质边坡的动力响应规律进行较多的研究。许强[28]针对含有水平层状不同软岩和硬岩组合的边坡，利用振动台试验研究两种不同岩性边坡的动力响应规律。王平等[29]利用振动台试验针对黄土-风化岩接触面型边坡进行了研究，分析边坡的地震响应及破坏发展过程。董金玉等[30]利用振动台试验建立顺层边坡模型，研究边坡地震响应规律。崔圣华等[31]利用振动台试验研究含软弱层带滑坡的地震破坏机理，结果表明软弱层带内的动力不协调变形是滑坡的主要成因。宋波等[32]采用振动台试验，研究坡内地下水上升对坡体动力响应及破坏模式的影响。杨国香等[33]针对含软弱夹层岩质边坡，利用振动台试验研究地震动参数与边坡动力响应的关系。范刚等[34]利用振动台试验，探讨了含软弱夹层岩质边坡的动力响应特征及其影响因素。郝建斌等[35]利用振动台试验研究土质边坡支护结构的地震响应规律。刘树林等[36]采用振动台物理模型试验，针对不同倾角的顺层岩质边坡，研究频发微小地震作用下顺层边坡的动力响应特征及破坏模式。贾向宁等[37]以典型黄土-泥岩滑坡为原型，通过输入不同峰值加速度的地震波，揭示顺层边坡地震响应。朱仁杰等[38]对含贯通性结构面的岩质边坡进行振动台试验，开展地震波场传播特性、动力演化规律和破坏机理研究。刘汉香等[39]对均质和层状岩质边坡，利用振动台试验分析了边坡地震响应特征和地震波频率的关系。目前，振动台模型试验已经成为研究复杂地质构造岩质边坡地震响应的可靠方法。但是，由于岩质边坡地质构造的复杂性及地震的随机性，采用振动台试验模拟实际的地震滑坡仍具有一定的局限性。因此，利用振动台试验研究复杂地质构造岩质边坡的地震响应规律及其破坏模式还有待进一步深入研究。

1.2 岩质边坡地震破坏模式

岩质边坡是工程建设中常见的地质体，其稳定性及破坏模式对工程建设具有很大的影响，吸引了许多学者对岩质边坡的破坏模式进行研究。含软弱结构面岩质边坡的地质构造复杂，其稳定性判识方法和破坏模式不同于其他类型的边坡。岩体内软弱结构面的类型及其组合对岩质边坡的破坏模式具有控制性作用，含软弱结构面岩质边坡的地震破坏模式引起了更多学者的关注，特别是同时具有顺向及反倾结构面的岩质边坡。由于地震的随机性及难以预测性等特点，使含软弱结构面岩质边坡的地震稳定性及破坏模式变得较为复杂。

在我国西部地区，库水位变化、降雨和地震是滑坡的主要诱发因素[40]，尤其库水位变化是影响临水边坡的重要触发因素。大量工程资料表明，水对边坡的稳定性具有重要的影响作用[41-43]。许多学者对库水作用下边坡破坏机制及破坏模式进行了大量的研究。仇文岗等[44]通过建立数值模型利用 FLAC 2D 研究库水骤降对邻水边坡稳定性的影响，结果表明库水骤降过程中边坡的稳定性随之降低。邓华锋等[45]提出了库岸边坡分段分析方法，基于力学机理研究水位升降过程中边坡安全系数变化的原因。董金玉等[46]针对库区大型堆积体边坡利用 FLAC 3D 软件，研究库水下降过程中边坡的变形破坏特征及破坏模式。张旭等[47]基于非饱和土力学理论建立渗流场-应力场的流-固耦合计算模型，揭示了库水作用下堆积层滑坡内孔隙水压力差的消散变化和浸润线滞后库水的时间效应。赵代鹏等[48]利用滑坡模型试验系统，对库水波动作用下浮托减重型库岸滑坡的破坏机制进行研究，分析了库水升降对浮托减重型库岸滑坡的作用机理。肖诗荣等[49]对三峡库区蓄水过程中的大型滑坡进行了研究，基于滑坡复活机理将库水作用下滑坡分为动水压力型、库水浮托型和库水浸泡软化型滑坡三大类。占清华等[50]对含软弱夹层岩质边坡进行了库水变化作用下的模型试验，结果表明库水上升作用下含软弱夹层岩质边坡主要分为稳定、慢速变形和滑动变形三个阶段，其中滑体内软弱夹层是滑坡内最为不稳定的区域。文宝萍等[51]通过研究库水与千将坪滑坡的关系发现，库水对切层段泥岩的弱化作用是滑坡形成的重要原因。Song 等[52-53]利用 GPS 对水库蓄水过程中库岸边坡的变形规律进行了研究，结果表明库水位变化对邻水边坡稳定性影响较大，尤其是库水下降速率较大时对边坡稳定性较差。Zhang 等[54]利用 MODFLOW 建立了地下水数值模型，计算了不同水库水位下的边坡地下水渗流场，利用蒙特卡罗模拟方法对边坡的稳定性进行概率分析。Paronuzzi 等[55]针对 1963 年 Vajont 滑坡进行了深入的反分析，研究水库运行过程中水位变化对库岸边坡稳定性的影响，结果表明库水骤降将导致坡底出现渗流现象，减弱了边坡的稳定性。Sun 等[56]以三峡库区黄土坡滑坡为例，提出了三维极限平衡法，分析了周期性库水位波动作用下的边坡稳定性的演化规律。Huang 等[57]采用钻孔测斜仪和地面测点对库岸边坡的位移进行监测，研究库水位对水库滑坡位移的潜在影响。

边坡的地震稳定性及破坏模式方面的研究一直吸引着大量的学者。林杭等[58]采用 FALC 3D 研究了层状边坡地震作用下破坏模式。李明等[59]对坡体中部含水平砂土夹层边坡进行了离心模型试验，探讨了地震作用下边坡的破坏模式。马惠民等[60]认为地质构造与顺层岩质边坡的地震破坏模式具有密切关系。董金玉等[30]研究了顺层岩质边坡的破坏机制及破坏模式，认为顺向结构面是边坡的潜在滑动面。杨峥等[61]研究了含反倾结构面岩质边坡的地震破坏模式，结果表明坡面裂缝对反倾边坡的地震破坏模式具有主要的控制作用。周飞等[62]研究了含软弱夹层的岩质斜坡的地震破坏模式，结果表明具有薄软弱结构面的边坡滑动破坏模式表现为"拉裂-剪切-滑移-碎屑流化型"破坏；具有厚软弱结构面的边坡破坏模式为"震裂-剥落型"。刘汉香等[63]研究了含软弱夹层边坡的地震动力响应及其破坏模式，揭示了软弱夹层在边坡地震响应过程及破坏模式中的作用。杨国香等[64]分析了反倾层岩质边坡的地震破坏模式，认为软弱夹层对边坡的动力破坏模式具有控制性作用。Lin 等[65]针对路堤边坡模型采用离心振动台，对地震作用下边坡的动力响应及破坏模式进行了研究。Liu 等[18]对软岩和硬岩边坡的地震动力响应及其破坏模式进行了观察，认为岩性对于边坡的动力响应及破坏模式具有影响。顺层边坡的典型的破坏模式主要包括滑移-拉裂破坏、滑移-剪切破坏、弯曲-拉裂破坏和滑移-弯曲破坏，破坏模式如图 1-1 所示[66-67]。

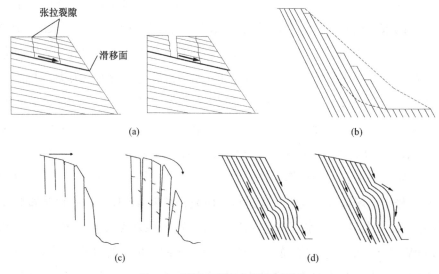

图 1-1　顺层边坡的典型破坏模式

（a）滑移-拉裂破坏；（b）滑移-剪切破坏；（c）弯曲-拉裂破坏；（d）滑移-弯曲破坏

顺层边坡的变形破坏过程可以分为 4 个阶段，应力调整阶段、剪切错动阶段、挤压弯曲阶段和溃屈破坏阶段。在反倾岩质边坡倾倒变形特征定性及定量研究的基础上，Goodman 和 Bray 对此进行了系统的分类，由于倾倒变形的破坏特征差异，将其分为原生及次生变形，原生倾倒变形主要包括弯曲倾倒变形、块体倾倒变形和块体弯曲倾倒变形（图 1-2），主要受岩体重度的控制；次生倾倒变形主要受除岩体重度以外的其他因素控制[68]。针对边坡的动力破坏机制，毛彦龙等[69]提出了地震作用下滑坡的启程剧动的机理，研究结果表明，地震动主要通过对边坡波动振荡而诱发滑坡产生，边坡波动振荡的变形破坏过程中主要产生如下 3 种效应：累积破坏效应（变形缓动阶段）、启动效应（剧烈加荷阶段）和启程加速效应（失稳剧动阶段）。

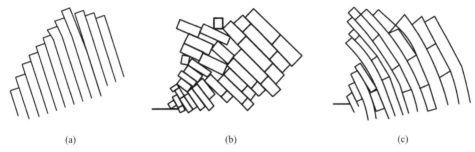

图 1-2　反倾边坡典型破坏模式
（a）弯曲倾倒；（b）块体倾倒；（c）块体弯曲倾倒

综上所述，地震和库水是影响强震区库岸边坡稳定性及破坏模式的重要因素。由于不同的地质构造及周围环境的应力的影响，岩质边坡随之表现出不同的破坏失稳特征。通常情况下结构面中含有大量的不连续节理，节理的延伸和收敛使岩体的力学性能出现恶化，尤其是不连续节理的几何和力学参数对边坡稳定性影响较大[70]。软弱结构面往往控制着边坡的变形破坏模式，结构面与地震波的复杂作用机制使得边坡的地震响应特征及破坏模式很难被充分了解。现有的研究深度不足，难以从机理上揭示岩质边坡的动力响应及变形演化规律，同时，岩质边坡中存在的软弱结构面及其类型对边坡动力破坏模式的影响值得重视。结构面及岩体的物理力学性质是边坡稳定性的内在影响因素，而水对结构面与岩体的影响直接关系到边坡的稳定性。由于软弱结构面的存在以及水岩作用的复杂性，地震及库水联合作用下含软弱结构面岩质边坡的动力响应、变形演化规律及破坏模式需要进一步研究。尤其是当完整岩体在地震作用后出现破碎等，库水作用对岩质边坡动力稳定性的影响值得重点关注。

1.3　岩质边坡动力响应分析方法

研究边坡动力响应规律是分析其动力稳定性的重要依据。目前，进行岩质边坡动力响应分析的常用方法主要包括时间域、频率域及时频域方面的研究。时间域的研究主要是利用边坡的加速度、位移、应力及应变响应等分析其动力响应特征；频率域的研究主要是利用傅里叶谱等分析其动力响应特征；而时频域的研究主要是利用 HHT 及边际谱理论分析边坡的动力响应特征。

1. 时间域方面的研究

目前，许多学者从时间域角度利用加速度、位移响应对边坡的地震动力响应进行了分析。杨果林等[71]基于振动台试验通过分析水平、垂直及水平垂直双向作用下格构锚杆框架支护边坡的 PGA 变化规律，研究了边坡的动力响应特征。张泽林等[72]通过分析边坡的加速度响应研究了地震波振幅对黄土-泥岩边坡的动力响应规律的影响，结果表明地震波振幅与边坡动力响应放大效应表现为正相关关系。张国栋等[73]利用有限元弹塑性动力分析方法对边坡的位移响应及加速度响应进行了分析，分析了边界条件及输入地震波特性对边坡动力响应的影响。崔圣华等[31]针对大光包滑坡建立地质模型，基于振动台试验通过分析边坡的加速度响应研究含软弱层带地质体的动力响应特征。Li 等[20]通过分析岩质边坡的 PGA 变化规律，研究了坡内不连续性、坡角、地震作用幅值对边坡动力响应规律的影响。Cao 等[74]通过分析强风化层岩质边坡的 PGA 及表面位移变化，探究了地震及降雨作用下边坡的动力响应规律，分析了地震及降雨对边坡的动力稳定性的影响。基于时间域研究岩质边坡的地震响应规律成为评价边坡动力稳定性的重要研究方法，也是研究岩质边坡动力响应特征的最直接和最有效的方法。

2. 频率域方面的研究

地震波频率是地震动的重要特征之一，岩质边坡的动力响应是地震波不同频率成分对边坡的共同作用结果。据时间域研究岩质边坡的动力响应最终要归于频率域的研究，能够从更深层次上解释岩质边坡的动力响应规律。目前，已有一些学者尝试基于频率域对岩质边坡的动力响应规律进行了研究。刘汉东等[75]根据振动台试验研究地震卓越频率与边坡动力响应的关系，从频率域角度探讨了频率成分对边坡的动力响应的影响。结果表明，地震波频率对边坡的动力响应影响较大，当输入波频率大于边坡的固有频率时，边坡的高程放大效应随频率的增加而减小；当输入波频率小于边坡的固有频率时，放大效应随频率成分的增加而增加。为深入理解边坡的地震响应及其破坏过程，杨兵等[76]利用振动台试验对震裂-溃滑型滑坡进行了研究，结果表明地震波频率与边坡的动力响应特征具有密切关系，当输入波频率较小时，边坡底部的放大效应整体上较弱，而边坡中上部的放大效应较大。范刚等[77]利用传递函数方法通过分析边坡的傅里叶谱特征研究层状边坡的动力响应规律，探究了地震波的频率成分对边坡动力响应特征的影响，从频率域揭示了层状边坡的放大效应变化规律。Murao 等[78]对饱和黄土边坡进行了振动台试验，结果表明地震动频率与边坡的动力响应具有密切关系，边坡的地震稳定性不仅取决于输入地震波加速度的幅值，还与边坡的固有频率、地震波的输入频率具有密切关系。Moore 等[79]对瑞士 Randa 的大型岩质边坡，利用数值计算方法分析了边坡的傅里叶谱响应特征，结果表明边坡内大型不稳定岩体及坡内块体的共振频率与其动力响应具有密切关系。Song 等[80]基于频率域分析了含不连续节理岩质边坡的傅里叶谱响应规律，结果表明边坡的固有频率对边坡的动力响应具有重要的影响，认为对于复杂地质构造岩质边坡的动力响应不能忽略频率域的研究。

3. 时频域方面的研究

在时间域及频率域方面的研究未能充分考虑地震波的时间-频率-幅值的固有特

性，一些学者开始利用时频分析方法基于时频域角度对岩质边坡的动力响应规律进行研究。杨长卫等[81]根据弹性波理论利用 HHT 方法提出了 SV 波作用下岩质边坡动力响应的水平分析法，该方法可以较好地分析边坡的动力响应及对滑坡的发生时间、规模及安全性进行预测。为探究地震波在岩质边坡内传播过程中的能量分布规律，张声辉等[82]基于时频分析方法，利用反应谱分析及小波变换，对边坡的地震动信号在不同频率段的能量分布规律进行了研究，结果表明地震动能量分布主要集中在某些频率段，主要为水平方向和垂直方向的主振频率。刘汉香等[83]对含水平软弱夹层岩质边坡进行了振动台试验，分析了地震动作用下边坡的频谱响应特征，从能量角度采用 HHT 边际谱研究了边坡的地震响应规律，结果表明边坡的地震能量主要集中于某些频率带，边际谱的变化规律与边坡的动力变形特征关系密切。为研究复杂地质构造岩质边坡的地震响应，吴祚菊等[84]通过振动台试验综合利用 FFT、时频分析和分段时频分析方法进行了研究，结果表明随着边坡高程及岩土体参数的变化，地震动频率成分、主频段的频谱特征及地震动能量的分布特征均出现较大的变化。为探究水平层场地的地震响应，范刚等[85]利用 HHT 对水平层场地进行了振动台试验，基于时频域对其动力响应进行了研究，结果表明在碎石层内地震波的能量被放大，Hilbert 能量谱峰值由单峰值变为多峰值。Yang 等[86]以某双侧高陡岩质边坡为研究对象，利用 HHT 对边坡的动力加速度时程进行信号处理，基于能量角度研究边坡的动力响应特征，从时频域揭示了滑坡发生的触发机制。

综上所述，利用时间域、频率域及时频域是研究岩质边坡动力响应的三种重要的方法。软弱结构面的存在使岩质边坡的地震响应更加复杂，在时间域内的研究难以全面地反映边坡的地震响应规律，需要进一步从频率域对边坡的动力响应进行研究，揭示边坡固有频率、地震动频率成分与边坡动力响应规律的关系。此外，地震波是一种典型的随机非稳定的信号，时间-频率-幅值是地震波的三个固有特性，需要充分考虑地震波的固有特性，利用时频分析方法基于能量角度进一步揭示边坡的地震响应特征。但是，目前对于复杂地质构造岩质边坡的动力响应方面的研究多是基于时间域，而频率域及时频域方面的研究较少，难以全面揭示岩质边坡动力响应机理及变形演化规律。因此，利用时间域、频率域及时频域联合分析含软弱结构面岩质边坡的动力响应值得深入研究，尤其是利用 HHT 及边际谱理论从能量传播特征角度研究含软弱结构面岩质边坡的地震响应及动力破坏机制有待进一步探究。

1.4　岩质边坡震害识别方法

目前，损伤识别方法在结构工程、机械工程及海洋工程中的应用日趋成熟。损伤识别方法主要包括能量的 HHT 损伤识别方法、模态应变和小波变换的结构损伤识别方法、模型确认的结构概率损伤识别方法等[87-89]。最初，这些震害识别方法多是应用于机械及结构工程领域。单德山等[90]利用 HHT 对结构响应数据进行处理，基于模式识别理论建立损伤模式与损伤敏感指标之间的关系，对桥梁的震害损伤模式进行有效地识别。针对发动机异响信号故障，周小龙等[91]利用 HHT 方法进行诊断。结果表明，HHT 方法能够针对异响信号的故障特征进行有效的提取。针对滚动轴承故障程度和故障位置，任宜春等[92]通过引入总体经验模态分解（EEMD）的概念改进了 HHT 方法，解决了处理信号过程中的模态混叠问题，将改进的 HHT 方法成功用于结构震害损伤识别。

目前，能量方法逐渐被应用于边坡稳定性的研究中。基于力学平衡理论可以用于边坡动力稳定性评价，但是，并不适用于边坡产生大变形的情形中。王秀英等[93]利用 Arias 强度（I_a），考虑了地震的三个固有特性，对边坡的地震稳定性进行了分析，结果表明，利用I_a基于能量角度对边坡地震稳定性分析具有较好的适用性。根据能量守恒定律，徐光兴等[94]通过建立地震作用下滑坡地震稳定性能量反应方程，深入分析了滑坡的地震能量变化过程。此外，利用 HHT 基于能量方法进行震害损伤评估方法也已经在岩土工程中得到了应用。曹礼聪等[95]利用 HHT 方法得到了地震作用下含倾斜强风化带及局部边坡场地测点的 Hilbert 边际谱，最后结合边际谱理论分析、土层内部应变和边坡位移规律，探究了场地内部的损伤发展过程。闫孔明等[96]针对含软弱夹层的斜坡场地模型，利用 Hilbert 边际谱方法从频域角度展示场地的频谱变化特性，并针对其震害损伤进行了研究。付晓等[97]研究组合结构与加固边坡的地震响应特征，利用加速度时程的 Hilbert 边际谱分析了坡体内震害损伤特征。宋文峰等[98]利用 HHT 的瞬时能量分析法，研究了爆破作用下地震波在通过岩体层面的能量变化规律。马洪生等[99]利用振动台试验基于 HHT 边际谱理论，研究了反倾边坡的破坏模式及震害损伤位置。

2008 年汶川地震后，大量的岩质边坡内部出现了不同程度的震害损伤，在地震或降雨等外界因素诱发下容易形成滑坡灾害。这些潜在的滑坡灾害严重威胁到人民的生命财产。以往对于岩质边坡破坏模式及其震害发展过程的研究大多是在利用数值计算或室内模型试验方法的基础上，通过对边坡进行表面位移监测或边坡的加速度时程进行分析，很少从边坡自身特征参数及坡体内部监测物理量方面进行研究。HHT 方法在进行时频域分析时，对原始地震信号具有很强的辨识度，是进行地震信号处理的优选方法。通过 HHT 方法得到的 Hilbert 边际谱反映了地震波信号能量在频率轴上的分布特征，在时频域内可以通过能量角度判识结构内部的震害损伤特征。震后边坡内部将出现大量的裂隙等，坡内的震害损伤为滑坡的发生提供了有利条件，利用 Hilbert 边际谱可以有效地分析坡内的震害损伤状态，为滑坡的预警及防治提供有效依据。目前，基于能量的 HHT 震害损伤识别方法在结构工程、机械工程等领域已经得到了广泛的应用，但是目前的识别技术并未在岩土工程中进行广泛应用。利用 HHT 及边际谱理论，从能量角度对岩质边坡的震害评价仍需要进一步研究。

参 考 文 献

[1] 宋丹青, 陈志荣, 陈俊栋. 岩质边坡地震动力响应研究进展[J]. 水利与建筑工程学报, 2018(6): 1-7.

[2] Michalowski R L, Martel T. Stability charts for 3D failures of steep slopes subjected to seismic excitation [J]. Journal of Geotechnical and Geoenvironmental Engineering, 2011, 137(2): 183-189.

[3] 李海波, 肖克强, 刘亚群. 地震作用下顺层岩质边坡安全系数分析[J]. 岩石力学与工程学报, 2007, 26(12): 2385-2394.

[4] 陈训龙, 高荣雄, 龚文惠, 等. 基于 Newmark-β法的地震作用下顺层岩质边坡可靠度时程分析方法[J]. 中国公路学报, 2017, 30(7): 33-40.

[5] Kramer S L, Smith M W. Modified newmark model for seismic displacements of compliant slopes [J]. Journal of Geotechnical and Geoenvironmental Engineering, 1997, 123(7): 635-644.

[6] Wang K L, Lin M L. Initiation and displacement of landslide induced by earthquake—a study of shaking table model slope test [J]. Engineering Geology, 2011, 122(1-2): 106-114.

[7] 李红军, 迟世春, 林皋. 平均屈服加速度的 Newmark 滑块位移法[J]. 哈尔滨工业大学学报, 2009(10): 100-104.

[8] 程小杰, 杨为民, 向灵芝, 等. 基于 Newmark 模型的天水市北山地震黄土滑坡危险性评价[J]. 地质力学学报, 2017, 23(2): 296-305.

[9] 董建华, 朱彦鹏. 地震作用下土钉支护边坡永久位移计算方法研究[J]. 工程力学, 2011, 28(10): 101-110.

[10] 言志信, 张森, 张学东, 等. 顺层岩质边坡地震动力响应及地震动参数影响研究[J]. 岩石力学与工程学报, 2011, 30(S2): 3522-3528.

[11] 刘蕾, 陈亮, 崔振华, 等. 逆层岩质边坡地震动力破坏过程 FLAC/PFC^{2D} 耦合数值模拟分析[J]. 工程地质学报, 2014, 22(6): 1257-1262.

[12] Bray J W, Goodman R E. The theory of base friction models [J]. International Journal of Rock Mechanics & Mining Science & Geomechanics Abstracts, 1981, 18(6): 453-468.

[13] Grenon M, Hadjigeorgiou J. A design methodology for rock slopes susceptible to wedge failure using fracture system modelling [J]. Engineering Geology, 2008, 96(1): 78-93.

[14] Che A, Yang H, Wang B, et al. Wave propagations through jointed rock masses and their effects on the stability of slopes [J]. Engineering Geology, 2016, 201: 45-56.

[15] 孙书伟, 林杭, 任连伟. FLAC 3D 在岩土工程中的应用[M]. 中国水利水电出版社, 2011.

[16] 邬爱清, 丁秀丽, 卢波, 等. DDA 方法块体稳定性验证及其在岩质边坡稳定性分析中的应用[J]. 岩石力学与工程学报, 2008, 27(4): 664-672.

[17] Seed H B. Seismic stability and deformation of clay slopes [J]. Journal of the Geotechnical Engineering Division, 1974, 100(2): 139-156.

[18] Liu H, Xu Q, Li Y, et al. Response of high-strength rock slope to seismic waves in a shaking table test [J]. Bulletin of the Seismological Society of America, 2013, 103(6): 3012-3025.

[19] Sun H, Niu F J, Zhang K J, et al. Seismic behaviors of soil slope in permafrost regions using a large-scale shaking table [J]. Landslides, 2017, 14(1): 1-8.

[20] Li H H, Lin C H, Zu W, et al. Dynamic response of a dip slope with multi-slip planes revealed by shaking table tests [J]. Landslides, 2018: 1-13.

[21] Fan G, Zhang L M, Zhang J J, et al. Energy-based analysis of mechanisms of earthquake-induced landslide using hilbert-huang transform and marginal spectrum [J]. Rock Mechanics & Rock Engineering, 2017, 50(4): 1-17.

[22] Liu H X, Xu Q, Li Y R. Effect of lithology and structure on seismic response of steep slope in a shaking table test [J]. Journal of Mountain Science, 2014, 11(2): 371-383.

[23] Huang R, Zhao J, Ju N, et al. Analysis of an anti-dip landslide triggered by the 2008 Wenchuan earthquake in China [J]. Natural Hazards, 2013, 68(2): 1021-1039.

[24] Lin Y L, Leng W M, Yang G L, et al. Seismic response of embankment slopes with different reinforcing measures in shaking table tests [J]. Natural Hazards, 2015, 76(2): 791-810.

[25] Massey C, Pasqua F D, Holden C, et al. Rock slope response to strong earthquake shaking [J]. Landslides, 2017, 14: 249-268.

[26] Song D, Che A, Zhu R, et al. Dynamic response characteristics of a rock slope with discontinuous joints under the combined action of earthquakes and rapid water drawdown [J]. Landslides, 2018, 15(6): 1109-1125.

[27] Song D, Che A, Chen Z, et al. Seismic stability of a rock slope with discontinuities under rapid water drawdown and earthquakes in large-scale shaking table tests [J]. Engineering geology, 2018, 245: 153-168.

[28] 许强, 刘汉香, 邹威, 等. 斜坡加速度动力响应特性的大型振动台试验研究[J]. 岩石力学与工程学报, 2010, 29(12): 2420-2428.

[29] 王平, 王会娟, 柴少峰, 等. 黄土-风化岩接触面斜坡滑移面衍生机制及变形特征[J]. 岩石力学与工程学报, 2018, 37(S2): 4027-4037.

[30] 董金玉, 杨国香, 伍法权, 等. 地震作用下顺层岩质边坡动力响应和破坏模式大型振动台试验研究[J]. 岩土力学, 2011, 32(10): 2977-2982.

[31] 崔圣华, 裴向军, 黄润秋. 大光包滑坡启动机制: 强震过程滑带非协调变形与岩体动力致损[J]. 岩石力学与工程学报, 2019, 38(02): 237-253.

[32] 宋波, 黄帅, 林懿, 等. 强震作用下地下水对砂质边坡的动力响应和破坏模式的影响分析[J]. 土木工程学报, 2014(S1): 240-245.

[33] 杨国香, 叶海林, 伍法权, 等. 反倾层状结构岩质边坡动力响应特性及破坏机制振动台模型试验研究[J]. 岩石力学与工程学报, 2012, 31(11): 2214-2221.

[34] 范刚, 张建经, 付晓, 等. 双排桩加预应力锚索加固边坡锚索轴力地震响应特性研究[J]. 岩土工程学报, 2016, 38(6): 1095-1103.

[35] 郝建斌, 李金和, 程涛, 等. 锚杆格构支护边坡振动台模型试验研究[J]. 岩石力学与工程学报, 2015, 34(2): 293-304.

[36] 刘树林, 杨忠平, 刘新荣, 等. 频发微小地震作用下顺层岩质边坡的振动台模型试验与数值分析[J]. 岩石力学与工程学报, 2018: 381-381.

[37] 贾向宁, 黄强兵, 王涛, 等. 陡倾顺层断裂带黄土-泥岩边坡动力响应振动台试验研究[J]. 岩石

力学与工程学报, 2018, 37(12): 2721-2732.

[38] 朱仁杰, 车爱兰, 严飞, 等. 含贯通性结构面岩质边坡动力演化规律[J]. 岩土力学, 2019(5): 1907-1915.

[39] 刘汉香, 许强, 王龙, 等. 地震波频率对岩质斜坡加速度动力响应规律的影响[J]. 岩石力学与工程学报, 2014, 33(1): 125-133.

[40] Zhou J W, Jiao M Y, Xing H G, et al. A reliability analysis method for rock slope controlled by weak structural surface [J]. Geosciences Journal, 2017, 21(3): 453-467.

[41] 宋丹青, 宋宏权. 库水位升降作用下库岸滑坡稳定性研究[J]. 东北大学学报 (自然科学版), 2017, 38(5): 735-739.

[42] 宋丹青. 水库蓄水对库岸边坡稳定性的影响[D]. 兰州: 兰州大学, 2015.

[43] 宋丹青, 梁收运, 王志强. 库水位对库岸边坡稳定性的影响[J]. 人民黄河, 2016, 38(7): 95-99.

[44] 仇文岗, 王尉, 高学成. 库区水位下降对库岸边坡稳定性的影响[J]. 武汉大学学报 (工学版), 2019, 52(1): 21-26.

[45] 邓华锋, 李建林. 库水位变化对库岸边坡变形稳定的影响机理研究[J]. 水利学报, 2014, 45(S2): 45-51.

[46] 董金玉, 杨继红, 孙文怀, 等. 库水位升降作用下大型堆积体边坡变形破坏预测[J]. 岩土力学, 2011, 32(6): 1774-1780.

[47] 张旭, 谭卓英, 周春梅. 库水位变化下滑坡渗流机制与稳定性分析[J]. 岩石力学与工程学报, 2016, 35(4): 713-723.

[48] 赵代鹏, 王世梅, 谈云志, 等. 库水升降作用下浮托减重型滑坡稳定性研究[J]. 岩土力学, 2013, 34(4): 1017-1024.

[49] 肖诗荣, 胡志宇, 卢树盛, 等. 三峡库区水库复活型滑坡分类[J]. 长江科学院院报, 2013, 30(11): 39-44.

[50] 占清华, 王世梅, 赵代鹏. 库水上升对含软弱夹层滑坡稳定性影响模型的试验研究[J]. 长江科学院院报, 2016, 33(2): 86-90.

[51] 文宝萍, 申健, 谭建民. 水在千将坪滑坡中的作用机理[J]. 水文地质工程地质, 2008, 35(3): 12-18.

[52] Song D, Feng X, Wang Z, et al. Using near-real-time monitoring of landslide deformation to interpret hydrological triggers in Jiudian Gorge Reservoir [J]. Indian Journal of Geo-Marine Sciences, 2017, 46(11): 2182-2190.

[53] Song D, Liang S, Wang Z. The influence of reservoir filling on a preexisting bank landslide stability [J]. Indian Journal of Geo-Marine Sciences, 2018, 47(2): 291-300.

[54] Zhang M, Dong Y, Sun P. Impact of reservoir impoundment-caused groundwater level changes on regional slopc stability: a case study in the Loess Plateau of Western China [J]. Environmental Earth Sciences, 2012, 66(6): 1715-1725.

[55] Paronuzzi P, Rigo E, Bolla A. Influence of filling-drawdown cycles of the Vajont reservoir on Mt. Toc slope stability [J]. Geomorphology, 2013, 191: 75-93.

[56] Sun G, Zheng H, Tang H, et al. Huangtupo landslide stability under water level fluctuations of the Three Gorges reservoir [J]. Landslides, 2016, 13: 1167-1179.

[57] Huang Q X, Wang J L, Xue X. Interpreting the influence of rainfall and reservoir infilling on a landslide [J]. Landslides, 2016, 13: 1139-1149.

[58] 林杭, 曹平, 李江腾, 等. 层状岩质边坡破坏模式及稳定性的数值分析[J]. 岩土力学, 2010,

31(10): 3300-3304.

[59] 李明, 张嘎, 张建民, 等. 开挖条件下含水平砂土夹层边坡破坏模式研究[J]. 岩土力学, 2011(S1): 185-189.

[60] 马惠民, 吴红刚. 山区高速公路高边坡病害防治实践[J]. 铁道工程学报, 2011, 28(7): 34-41.

[61] 杨峥, 许强, 刘汉香, 等. 地震作用下含反倾软弱夹层斜坡的动力变形破坏特征研究[J]. 振动与冲击, 2014, 33(19): 134-139.

[62] 周飞, 许强, 刘汉香, 等. 地震作用下含水平软弱夹层斜坡动力响应特性研究[J]. 岩土力学, 2016, 37(1): 133-139.

[63] 刘汉香, 许强, 周飞, 等. 含软弱夹层斜坡地震动力响应特性的振动台试验研究[J]. 岩石力学与工程学报, 2015, 34(5): 994-1005.

[64] 杨国香, 伍法权, 董金玉, 等. 地震作用下岩质边坡动力响应特性及变形破坏机制研究[J]. 岩石力学与工程学报, 2012, 31(4): 696-702.

[65] Lin Y L, Yang G L. Dynamic behavior of railway embankment slope subjected to seismic excitation [J]. Natural Hazards, 2013, 69(1): 219-235.

[66] 汪茜. 地震作用下顺层岩质边坡变形破坏机理研究[D]. 长春: 吉林大学, 2010.

[67] 李祥龙. 层状节理岩体高边坡地震动力破坏机理研究[D]. 武汉: 中国地质大学, 2013.

[68] Goodman R E. Toppling of rock slopes [C]// Proc. Specialty Conf. on Rock Engineering for Foundations and Slopes. ASCE, 1976, 2: 201-234.

[69] 毛彦龙, 胡广韬, 毛新虎, 等. 地震滑坡启程剧动的机理研究及离散元模拟[J]. 工程地质学报, 2001, 9(1): 74-80.

[70] Song D, Chen J, Cai J. Deformation monitoring of rock slope with weak bedding structural plane subject to tunnel excavation [J]. Arabian Journal of Geosciences, 2018, 11: 1-10.

[71] 杨果林, 文畅平. 格构锚固边坡地震响应的振动台试验研究[J]. 中南大学学报 (自然科学版), 2012, 43(4): 1482-1493.

[72] 张泽林, 吴树仁, 王涛, 等. 地震作用下黄土-泥岩边坡动力响应及破坏特征离心机振动台试验研究[J]. 岩石力学与工程学报, 2016, 35(9): 1844-1853.

[73] 张国栋, 陈飞, 金星, 等. 边界条件设置及输入地震波特性对边坡动力响应影响分析[J]. 振动与冲击, 2011, 30(1): 102-105+127.

[74] Cao L, Zhang J, Wang Z, et al. Dynamic response and dynamic failure mode of the slope subjected to earthquake and rainfall [J]. Landslides, 2019: 1-16.

[75] 刘汉东, 牛林峰, 袁富强, 等. 地震波频率对层状岩质边坡动力响应影响的试验研究[J]. 水文地质工程地质, 2018, 45(2): 77-83.

[76] 杨兵, 杨翔, 杨涛, 等. 地震作用下震裂-溃滑型边坡破坏过程及动力响应振动台模型试验研究[J]. 岩石力学与工程学报, 2018, 37(S1): 3279-3290.

[77] 范刚, 张建经, 付晓. 含软弱夹层顺层岩质边坡传递函数及其应用研究[J]. 岩土力学, 2017, 38(4): 1052-1059.

[78] Murao H, Nakai K, Noda T, et al. Deformation-failure mechanism of saturated fill slopes due to resonance phenomena based on 1g shaking-table tests [J]. Canadian Geotechnical Journal, 2018, 55(11): 1668-1681.

[79] Moore J R, Gischig V. Site effects in unstable rock slopes: Dynamic behavior of the Randa instability (Switzerland) [J]. Bulletin of the Seismological Society of America, 2011, 101(6):3110-3116.

[80] Song D, Che A, Zhu R, et al. Natural frequency characteristic of rock masses containing complex geological structure and their effects on the dynamic failure mechanism of slopes [J]. Rock Mechanics and Rock Engineering, 2019: 1-17.

[81] 杨长卫, 张建经, 周德培. SV 波作用下岩质边坡地震稳定性的时频分析方法研究[J]. 岩石力学与工程学报, 2013, 32(3): 483-491.

[82] 张声辉, 刘连生, 钟清亮, 等. 露天边坡爆破地震波能量分布特征研究[J]. 振动与冲击, 2019, 38(7): 224-232.

[83] 刘汉香, 许强, 朱星, 等. 含软弱夹层斜坡地震动力响应过程的边际谱特征研究[J]. 岩土力学, 2019, 40(4): 1387-1396.

[84] 吴祚菊, 张建经, 王志佳, 等. 地震动场地放大效应的时频特性分析[J]. 岩土力学, 2017, 38(3): 685-695.

[85] 范刚, 张建经, 周立荣, 等. 水平成层场地动力特性研究[J]. 西南交通大学学报, 2016, 51(6): 1121-1130.

[86] Yang C, Zhang J, Bi J. Application of Hilbert-Huang Transform to the analysis of the landslides triggered by the Wenchuan earthquake [J]. Journal of Mountain Science, 2015, 12(3): 711-720.

[87] 丁麒, 孟光, 李鸿光. 基于 Hilbert-Huang 变换的梁结构损伤识别方法研究[J]. 振动与冲击, 2009, 28(9): 180-183.

[88] 严平, 李胡生, 葛继平, 等. 基于模态应变能和小波变换的结构损伤识别研究[J]. 振动与冲击, 2012, 31(1): 121-126.

[89] 宗周红, 牛杰, 王浩. 基于模型确认的结构概率损伤识别方法研究进展[J]. 土木工程学报, 2012(8): 121-130.

[90] 单德山, 周筱航, 杨景超, 等. 结合地震易损性分析的桥梁地震损伤识别[J]. 振动与冲击, 2017, 36(16): 195-201.

[91] 周小龙, 刘薇娜, 姜振海, 等. 一种改进的 Hilbert-Huang 变换方法及其应用[J]. 工程科学与技术, 2017, 49(4): 196-204.

[92] 任宜春, 翁璞. 基于改进 Hilbert-Huang 变换的结构损伤识别方法研究[J]. 振动与冲击, 2015, 34(18): 195-199.

[93] 王秀英, 聂高众, 王登伟. 利用强震记录分析汶川地震诱发滑坡[J]. 岩石力学与工程学报, 2009, 28(11): 2369-2376.

[94] 徐光兴, 姚令侃, 李朝红. 地震作用下土质边坡永久位移分析的能量方法[J]. 四川大学学报(工程科学版), 2010, 42(5): 285-291.

[95] 曹礼聪, 张建经, 刘飞成, 等. 含倾斜强风化带及局部边坡复杂场地的动力响应及破坏模式研究[J]. 岩石力学与工程学报, 2017, 36(9): 2238-2250.

[96] 闫孔明, 刘飞成, 朱崇浩, 等. 地震作用下含倾斜软弱夹层斜坡场地的动力响应特性研究[J]. 岩石力学与工程学报, 2017, 36(11): 2686-2698.

[97] 付晓, 张建经, 廖蔚茗, 等. 组合支护结构加固高边坡的地震动响应特性研究[J]. 岩石力学与工程学报, 2017, 36(4): 831-842.

[98] 宋文峰, 张琪, 李跃中, 等. 基于 HHT 爆破地震波穿越岩体层面衰减规律研究[J]. 爆破, 2015, 32(4): 153-157.

[99] 马洪生, 庄卫林, 刘阳, 等. 反倾边坡地震破坏模式及能量判识方法研究[J]. 地震工程与工程振动, 2016, 1(4): 112-120.

[80] Song T, Chen X, Zhu K, et al. Natural frequency characteristics of rock masses containing complex geological structure and their effects on rock dynamic fracture incubation evolution[J]. Rock Mechanics and Rock Engineering, 2019, 9: 127.

第 2 章

岩体边坡振动台模型
试验方法

在实际边坡工程中，鉴于原位试验会受到周期长、耗费大量人力及物力、野外采集数据易受干扰等不确定性因素的影响，振动台模型试验被用于研究各类边坡的动力响应。岩质边坡内存在大量的结构面及次生节理，边坡缩尺模型制作会具有较大的难度，因而需要对边坡进行必要简化，适当减少边坡复杂构造对模型制作产生的影响。此外，由于模型边界的处理会直接影响地震波在模型内的传播特性，因此为适应振动台的小尺寸，需在模型中施加边界模拟实际边坡的边界。

为使得原型岩质边坡与缩尺模型边坡之间满足几何相似、运动相似和动力学相似，本章基于量纲分析方法及相似定理，介绍相似材料配比的研究方法。此外，根据振动台的基本性能，提出与缩尺模型边坡配套的刚性密封模型箱设计方法，并总结一套相应的振动台模型试验加载、测量与数据处理技术。

2.1 振动台模型试验相似定律及相似比

在振动台试验中，模型的材料参数、模型尺寸及测定物理量参数等需要按照一定的相似关系进行缩尺，使试验结果满足试验目的及要求[1]。利用 Buckingham's π 定理对试验中涉及的各物理量进行相似关系计算。首先，合理选择及调整相似准则，对于试验结果具有重要的影响；其次，合理选择相似常数，进而推导得出其余相似比。原边坡及模型之间的相似常数 C_i 如下：

$$C_i = \frac{q_i}{p_i} \tag{2-1}$$

式中，q_i 及 p_i 分别表示原型及模型的物理量。试验前应首先确定模型的几何相似常数 C_i，经过整理及分析，振动台模型试验中涉及的多个物理量如表 2-1 所示。

模型边坡主要物理量及其量纲   表 2-1

序号	物理量	量纲分析	序号	物理量	量纲分析	序号	物理量	量纲分析
1	密度ρ	$[M][L]^{-3}$	6	内摩擦角φ	1	11	位移s	$[L]$
2	几何尺寸L	$[L]$	7	应力σ	$[M][L]^{-1}[T]^{-2}$	12	速度υ	$[L][T]^{-1}$
3	弹性模量E	$[M][L]^{-1}[T]^{-2}$	8	应变ε	1	13	加速度a	$[L][T]^{-2}$
4	泊松比μ	1	9	时间t	$[T]$	14	重力加速度g	$[L][T]^{-2}$
5	黏聚力c	$[M][L]^{-1}[T]^{-2}$	10	频率ω	$[T]^{-1}$	15	阻尼比λ	1

试验中将几何尺寸 L、密度 ρ 和加速度 a 作为基本控制量。试验中 15 个主要物理量应满足如下关系式：

$$f(\rho, L, E, \mu, c, \varphi, \sigma, \varepsilon, t, \omega, s, \upsilon, a, g, \lambda) = 0 \tag{2-2}$$

进行相似关系推导时，选取[M]、[L]、[T]作为基本量纲，分别表示质量、长度和时间量纲。根据 3 个量纲的乘法与幂的组合，其他物理量的量纲可以通过计算获得，确定无量纲相似准则函数如下：

$$F(\pi_1, \pi_2, \pi_3, \pi_4, \pi_5, \pi_6, \pi_7, \pi_8, \pi_9, \pi_{10}, \pi_{11}, \pi_{12}) = 0 \tag{2-3}$$

相似准则的表达式如下所示：

$$\pi_i = [\rho]^{a_1} \cdot [L]^{a_2} \cdot [E]^{a_3} \cdot [\mu]^{a_4} \cdot [c]^{a_5} \cdot [\varphi]^{a_6} \cdot [\sigma]^{a_7} \cdot [\varepsilon]^{a_8} \cdot$$
$$[t]^{a_9} \cdot [\omega]^{a_{10}} \cdot [s]^{a_{11}} \cdot [v]^{a_{12}} \cdot [a]^{a_{13}} \cdot [g]^{a_{14}} \cdot [\lambda]^{a_{15}} \tag{2-4}$$

在相似准则计算中，将表 2-1 中的各个物理量量纲代入公式(2-4)，可得到下式：

$$[M]^0[L]^0[T]^0 = \left([M][L]^{-3}\right)^{a_1} \cdot [L]^{a_2} \cdot \left([M][L]^{-1}[T]^{-2}\right)^{a_3} \cdot (1)^{a_4} \cdot \left([M][L]^{-1}[T]^{-2}\right)^{a_5} \cdot$$
$$(1)^{a_6} \cdot \left([M][L]^{-1}[T]^{-2}\right)^{a_7} (1)^{a_8} \cdot [T]^{a_9} \cdot \left([T]^{-1}\right)^{a_{10}} \cdot$$
$$[L]^{a_{11}} \cdot \left([L][T]^{-1}\right)^{a_{12}} \cdot \left([L][T]^{-2}\right)^{a_{13}} \cdot \left([L][T]^{-2}\right)^{a_{14}} \cdot (1)^{a_{15}} \tag{2-5}$$

根据量纲一致性合并每个项，得到下式：

$$[M]^0[L]^0[T]^0 = [M]^{a_1+a_3+a_5+a_7} \cdot [L]^{-3a_1+a_2-a_3-a_5-a_7+a_{11}+a_{12}+a_{13}+a_{14}} \cdot$$
$$[T]^{-2a_3-2a_5-2a_7+a_9-a_{10}-a_{12}-2a_{13}-2a_{14}} \tag{2-6}$$

基于量纲一致性原则，由公式(2-6)可以得出：

$$\begin{cases} a_1 + a_3 + a_5 + a_7 = 0 \\ -3a_1 + a_2 - a_3 - a_5 - a_7 + a_{11} + a_{12} + a_{13} + a_{14} = 0 \\ -2a_3 - 2a_5 - 2a_7 + a_9 - a_{10} - a_{12} - 2a_{13} - 2a_{14} = 0 \\ a_4 + a_6 + a_8 + a_{15} = 常数 \end{cases} \tag{2-7}$$

利用矩阵法求解其余相似常量，推导的相似判据及相似准则如表 2-2 所示。

基于矩阵方法的相似准则　　　　表 2-2

物理量	E	μ	c	φ	σ	ε	t	ω	s	v	g	λ	ρ	L	a	相似判据
	a_3	a_4	a_5	a_6	a_7	a_8	a_9	a_{10}	a_{11}	a_{12}	a_{14}	a_{15}	a_1	a_2	a_{13}	
π_1	1	0	0	0	0	0	0	0	0	0	0	0	-1	-1	-1	$\pi_1 = E/\rho La$
π_2		1	0	0	0	0	0	0	0	0	0	0	0	0	0	$\pi_2 = \mu$
π_3			1	0	0	0	0	0	0	0	0	0	-1	-1	-1	$\pi_3 = c/\rho La$
π_4				1	0	0	0	0	0	0	0	0	0	0	0	$\pi_4 = \varphi$
π_5					1	0	0	0	0	0	0	0	-1	-1	-1	$\pi_5 = \sigma/\rho La$
π_6						1	0	0	0	0	0	0	0	0	0	$\pi_6 = \varepsilon$
π_7							1	0	0	0	0	0	0	-0.5	0.5	$\pi_7 = t/\left(L^{1/2}a^{-1/2}\right)$
π_8								1	0	0	0	0	0	0.5	-0.5	$\pi_8 = \omega/\left(L^{-1/2}a^{1/2}\right)$
π_9									1	0	0	0	0	-1	0	$\pi_9 = s/L$
π_{10}										1	0	0	0	-0.5	-0.5	$\pi_{10} = v/\left(L^{1/2}a^{1/2}\right)$
π_{11}											1	0	0	0	-1	$\pi_{11} = g/a$
π_{12}												1	0	0	0	$\pi_{12} = \lambda$

将表 2-2 中关系式代入公式(2-5)中，得到：

$$\pi_i = \left[\frac{E}{\rho La}\right]^{a_3} \cdot [\mu]^{a_4} \cdot \left[\frac{c}{\rho La}\right]^{a_5} \cdot [\varphi]^{a_6} \cdot \left[\frac{\sigma}{\rho La}\right]^{a_7} \cdot [\varepsilon]^{a_8} \cdot$$

$$\left[\frac{t}{L^{1/2}a^{-1/2}}\right]^{a_9} \cdot \left[\frac{\omega}{L^{-1/2}a^{1/2}}\right]^{a_{10}} \cdot \left[\frac{s}{L}\right]^{a_{11}} \cdot \left[\frac{v}{L^{1/2}a^{1/2}}\right]^{a_{12}} \cdot \left[\frac{g}{a}\right]^{a_{14}} \cdot [\lambda]^{a_{15}} \qquad (2-8)$$

2.2 振动台模型试验相似材料配比及试验方法

2.2.1 相似材料的选择

根据相关文献提出的关于岩体相似材料的选取及配比原则[2-3]：

（1）相似材料主要由颗粒状材料组成，并且成型试样不容易受到外界环境的影响；

（2）通过改变材料的配合比能够较大地改变相似材料的物理力学特性，可以满足不同相似条件的需要；

（3）材料的来源较广，价格实惠，易于成型并且无毒、无害。故开展振动台模型试验建议选用重晶石粉和 0.3～0.5mm、1.0～2.0mm 石英砂作为骨料。选用 P·O42.5 水泥和硅酸钠作为胶粘剂，可较广泛地调节相似材料的水力性质及强度，保证材料遇水不崩解。选用松香粉末和甘油作为调节剂，松香不易溶于水并具有一定的粘结作用，甘油具有保湿和减少干裂的作用。岩体相似材料基本成分如图 2-1 所示。

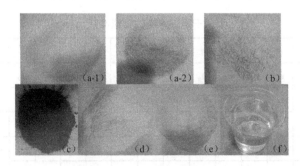

图 2-1　岩体相似材料基本组分

（a-1）0.3～0.5mm 石英砂；（a-2）1.0～2.0mm 石英砂；（b）重晶石粉；
（c）水泥；（d）硅酸钠；（e）松香粉末；（f）甘油

2.2.2 相似材料的配比

正交试验设计是在多因素多水平条件下按照一定规律选取最优试验方案的统计方法，可以高效率地发现各因素对试验结果的影响规律[4]，其在相似材料配比试验的研究中已得到广泛应用，并取得了大量研究成果[2,5-6]。

为研制出可调控范围更广泛的相似材料，在正交试验中设置不同粒径石英砂含量（因素 A）、重晶石粉与石英砂的质量比（因素 B）、水泥与石英砂的质量比（因素 C）、松香与石英砂的质量比（因素 D）、硅酸钠与石英砂的质量比（因素 E）、甘油与石英砂的质量比（因素 F）共 6 个因素。每个因素均设置 5 个水平，其中因素 A 设置为 0.3～0.5mm 与 1.0～2.0mm 石英砂质量比为 1：0、3：1、1：1、1：3 和 0：1；因素 B 设置为 25%、20%、75%、1 和 2；因素 C 设置为 10%、20%、30%、40%和 50%；因素 D 设置为 0、5%、10%、15%和 20%；因素 E 设置为 0、5%、15%、25%和 50%；因素 F 设置为 2%、4%、6%、8%和 10%。基于上述因素及水平，设计采用均匀正交试验表 $L_{25}(5^6)$[4]，如表 2-3 所示。

相似材料均匀正交试验表 $L_{25}(5^6)$ 表 2-3

试验号	因素						试验方案
	A	B	C	D	E	F	
1	1	1	5	3	4	2	$A_1B_1C_5D_3E_4F_2$
2	1	2	4	1	5	4	$A_1B_2C_4D_1E_5F_4$
3	1	3	2	5	1	3	$A_1B_3C_2D_5E_1F_3$
4	1	4	1	2	3	1	$A_1B_4C_1D_2E_3F_1$
5	1	5	3	4	2	5	$A_1B_5C_3D_4E_2F_5$
6	2	1	3	2	1	4	$A_2B_1C_3D_2E_1F_4$
7	2	2	5	5	2	1	$A_2B_2C_5D_5E_2F_1$
8	2	3	1	3	5	5	$A_2B_3C_1D_3E_5F_5$
9	2	4	4	4	4	3	$A_2B_4C_4D_4E_4F_3$
10	2	5	2	1	3	2	$A_2B_5C_2D_1E_3F_2$
11	3	1	2	4	5	1	$A_3B_1C_2D_4E_5F_1$
12	3	2	3	3	3	3	$A_3B_2C_3D_3E_3F_3$
13	3	3	4	2	2	2	$A_3B_3C_4D_2E_2F_2$
14	3	4	5	1	1	5	$A_3B_4C_5D_1E_1F_5$
15	3	5	1	5	4	4	$A_3B_5C_1D_5E_4F_4$
16	4	1	1	1	2	3	$A_4B_1C_1D_1E_2F_3$
17	4	2	2	4	4	5	$A_4B_2C_2D_2E_4F_5$
18	4	3	5	4	3	4	$A_4B_3C_5D_4E_3F_4$
19	4	4	3	5	5	2	$A_4B_4C_3D_5E_5F_2$
20	4	5	4	3	1	1	$A_4B_5C_4D_3E_1F_1$
21	5	1	4	5	3	5	$A_5B_1C_4D_5E_3F_5$
22	5	2	1	4	1	2	$A_5B_2C_1D_4E_1F_2$
23	5	3	3	1	4	1	$A_5B_3C_3D_1E_4F_1$
24	5	4	2	3	2	4	$A_5B_4C_2D_3E_2F_4$
25	5	5	5	2	5	3	$A_5B_5C_5D_2E_5F_3$

2.2.3　相似材料的制备及物理力学参数测试

根据表 2-3，各试验配比中石英砂、重晶石粉、水泥等材料的用量备置原料。为保证拌合后的材料均匀性，先将石英砂、重晶石粉等固态原料混合均匀，然后将称量好的拌合水与甘油混合均匀并加入固态原料中充分搅拌（掺水量为试件质量的 12%）。将相似材料分 3 层倒入模具并夯实，夯实完毕后在室温下静置 24h 后拆模。将拆模完毕的试件进行编号，并在室温、自然干燥条件下养护 7d。部分相似材料试件见图 2-2。

图 2-2　部分相似材料试件

严格按照均匀正交试验设计方案开展试验，依据《工程岩体试验方法标准》GB/T 50266—2013[7]和《土工试验方法标准》GB/T 50123—2019[8]对 25 组不同配比的试件开展称量、单轴压缩试验、三轴试验、自由浸泡、变水头渗透试验和波速测试，试验过程见图 2-3。试验获取多场耦合作用下相似材料的密度、抗压强度、弹性模量、黏聚力、内摩擦角、软化系数和渗透系数等物理力学参数，测试结果如表 2-4 所示。

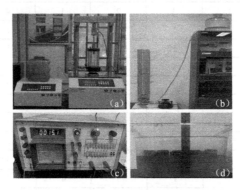

图 2-3　试验测试过程

相似材料测试结果　　　　　　　　　　　　　　　　　　表 2-4

试验号	密度/ （g/cm³）	抗压强度/ kPa	弹性模量/ MPa	黏聚力/ kPa	内摩擦角/ °	软化系数/ %	渗透系数/ （m/s）	动弹性模量/ GPa	动泊 松比
1	1.624	521.83	42.419	115.43	23.27	75.66	1.59×10^{-6}	7.18	0.215
2	1.597	656.77	24.734	214.12	21.57	92.62	1.95×10^{-7}	7.96	0.248
3	2.050	460.90	20.008	108.49	42.59	83.23	7.70×10^{-7}	7.49	0.241
4	2.149	951.10	55.044	213.05	39.62	97.86	1.20×10^{-6}	9.12	0.199
5	2.053	696.00	39.535	148.33	43.56	98.12	4.63×10^{-7}	4.24	0.203
6	1.948	202.33	9.360	40.26	38.51	67.12	2.37×10^{-6}	5.66	0.228
7	1.849	1007.15	52.875	148.52	49.55	82.44	2.77×10^{-6}	3.57	0.214
8	2.033	202.18	5.014	63.69	9.21	24.04	3.42×10^{-6}	3.40	0.259
9	1.816	624.83	39.825	135.8	24.75	21.99	1.01×10^{-8}	8.20	0.202

续表

试验号	密度/ （g/cm³）	抗压强度/ kPa	弹性模量/ MPa	黏聚力/ kPa	内摩擦角/ °	软化系数/ %	渗透系数/ （m/s）	动弹性模量/ GPa	动泊 松比
10	2.087	1571.50	100.652	162.47	46.35	59.47	3.37×10^{-6}	5.73	0.201
11	1.720	213.10	4.630	55.84	20.86	22.55	1.07×10^{-9}	5.84	0.229
12	1.839	842.73	50.731	37.55	36.01	37.51	4.28×10^{-6}	7.19	0.263
13	2.123	804.00	57.626	121.17	48.53	71.67	8.34×10^{-9}	5.84	0.211
14	2.261	980.13	54.597	284.01	36.77	90.94	1.26×10^{-6}	7.85	0.205
15	2.245	602.20	23.910	251.46	15.26	59.02	2.12×10^{-6}	6.42	0.242
16	2.158	121.80	7.063	113.33	35.98	89.75	7.19×10^{-7}	2.56	0.230
17	2.150	650.30	25.676	199.83	29.62	96.04	4.03×10^{-7}	7.75	0.242
18	1.883	1771.50	73.260	201.89	47.84	93.71	3.62×10^{-7}	5.86	0.271
19	1.844	528.33	19.768	162.85	21.16	38.01	2.18×10^{-6}	7.56	0261
20	2.195	731.83	48.912	99.57	46.59	94.58	1.77×10^{-6}	5.79	0.195
21	1.794	316.60	13.138	20.95	34.73	83.67	3.01×10^{-8}	5.58	0.247
22	2.064	182.04	10.631	93.89	33.88	98.75	3.86×10^{-7}	4.75	0.238
23	1.931	1244.40	66.527	358.85	37.71	82.72	2.60×10^{-6}	9.36	0.263
24	1.987	793.33	40.592	288.07	29.51	86.44	4.97×10^{-9}	3.84	0.214
25	1.904	922.84	60.660	346.83	23.75	61.56	1.77×10^{-6}	8.97	0.229

　　通过分析试验结果，可以发现相似材料的密度、弹性模量等物理参数可在较大范围内变化。为方便相似材料配比选择，利用 SPSS 软件对试验的关键物理参数指标进行多元线性回归分析，建立物理参数与相似材料各成分配比之间的关系。其中，A、B、C、D、E 和 F 分别为石英砂 $0.3 \sim 0.5$mm 与 $1 \sim 2$mm 粒径质量比，重晶石粉、水泥、硅酸钠、松香和甘油与石英砂的质量比。通过多元线性回归分析可以得到：

$$
\begin{bmatrix} \rho \\ \sigma \\ E \\ c \\ \varphi \\ \eta \\ k \\ E_{\mathrm{d}} \\ \mu_{\mathrm{d}} \end{bmatrix} = \begin{bmatrix} -0.073 & 0.135 & -0.545 & -0.497 & -0.517 & 0.812 \\ -43.28 & 269.85 & 1146.63 & -1344.765 & -232.25 & -2186.32 \\ 1.074 & 18.959 & 71.394 & -115.294 & -24.415 & -239.295 \\ -67.606 & 64.378 & 99.886 & -466.564 & 84.048 & 21.95 \\ 0.739 & 1.362 & 20.34 & -15.728 & -47.258 & -101.38 \\ -0.071 & 0.008 & 0.173 & -0.79 & -0.806 & 0.806 \\ 4.3 \times 10^{-7} & 3.9 \times 10^{-7} & -5.4 \times 10^{-7} & -2.03 \times 10^{-6} & 7.37 \times 10^{-7} & -8.01 \times 10^{-6} \\ 0.32 & 0.351 & 3.426 & -5.639 & 3.385 & -11.066 \\ -0.021 & -0.015 & -0.019 & 0.06 & 0.054 & 0.185 \end{bmatrix} \cdot
$$

$$
\begin{bmatrix} A \\ B \\ C \\ D \\ E \\ F \end{bmatrix} + \begin{bmatrix} 2.15 \\ 448.558 \\ 29.395 \\ 134.717 \\ 42.424 \\ 0.884 \\ 1.5 \times 10^{-6} \\ 5.389 \\ 0.232 \end{bmatrix} \tag{2-9}
$$

式(2-9)为获取合适的相似材料配比提供了基准，在此基础上微调配比，将实际测得的物理参数与实际值进行对比，可有效减少获得配比的时间。

2.3 振动台刚性模型箱设计

振动台试验是地震工程和土木工程领域中一种重要的研究手段，主要用于模拟地震动作用下土结构物的动力响应。刚性模型箱作为振动台试验的重要设备，其设计直接关系到试验结果的准确性和可靠性。本节将详细介绍振动台刚性模型箱的设计原理及方法。

振动台试验将土工模型置于模型箱体内，属于一种等效的试验方法，因此刚性模型箱的设计原理及方法应遵循以下几个关键原则：刚性要求、边界条件、相似律准则、材料选择等，最终确保箱体能够准确、可靠地模拟真实的地震环境和土结构物的响应。

2.3.1 刚性要求

刚性模型箱通常采用型钢焊接框架制成，在振动台试验中多采用此种模型箱。在设计阶段，需要确保模型箱的刚度满足试验要求。若模型箱的侧壁弯曲刚度不足，则接近侧壁的试验地层模型会产生显著的弯曲变形，如图 2-4 所示。

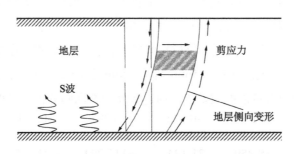

图 2-4　刚性模型箱箱侧变形模式示意

因此刚性模型箱的设计关键之一是通过增加箱体壁厚、使用高强度材料以及优化支撑结构等手段来提高刚性。焊接和螺栓连接等方式必须保证在高动态荷载下不会产生相对位移或松动。此外，为防止模型箱体的局部结构（底板或遮挡板）的变形，也应当对相应位置进行重点加固。

2.3.2 边界条件

模型边界效应包括振动能量波在侧壁的反射、侧壁与模型岩体间的摩擦、模型箱体侧壁的变形模式等。

（1）为减少或消除模型箱边界对试验结果的干扰，处理方式有三种：一是设计吸波边界，在模型箱的边界处设置吸波材料或吸波结构，以吸收从土体传来的反射波，减少边界反射对试验结果的影响；二是设计渐变边界，设计渐变边界结构，使岩体边坡模型远离边界效应的影响范围，即增大箱体容积而模拟无限土体条件；三是设计组合边界，将吸波结构与箱体尺寸进行结合设计。

（2）模型岩体与箱体边界的摩擦效应出现在试验岩体与试验振动方向平行的侧壁，产生相对位移，从而引起滑动摩擦。常采取的方法是在模型箱体的内壁设置柔性垫层，通常选用聚苯乙烯泡沫材料。

2.3.3 相似率准则

岩体边坡振动台试验模型通常是按几何相似比缩小的，故为保证应力、应变、弹性模量等物理量与原型之间的相似性，制作岩体边坡模型的材料一般均采用重度不同于原型的相似材料。然而承载试验模型的模型箱置于振动台进行试验时，却处于正常的重力加速度环境。因此试验模型箱的设计需具有适当的几何尺度，使得置于其中的试验模型具备一定的"保真性"，才能达到模型与原型在地震中响应状态的相似性。

2.3.4 材料选择

材料选择在振动台刚性模型箱设计中至关重要，它直接影响模型箱的力学性能、密度、加工性能和耐久性。常用材料包括高强度钢和合金材料。高强度钢具有卓越的刚度、强度、耐久性和耐腐蚀性，适合长期使用。并且，可以通过焊接、切割、冲压等多种工艺进行精确加工，适合制造大型模型箱，但其重量较大。而合金材料具有较高的强度和刚度的同时还保留较低的密度，适用于对重量有严格要求的模型箱设计。但相对于合金材料，高强度钢的成本较低，性价比高，因此在建造大型模型箱时，使用高强度钢可以有效控制成本。

振动台刚性模型箱的设计是一个复杂的过程，需要综合考虑刚性、边界条件、相似律及材料选择等多个方面。通过合理的设计和质量控制，可以有效提高振动台试验的准确性和可靠性，为地震工程研究提供坚实的实验基础和理论支持。

2.4 振动台模型试验地震波选取与加载

本小节将详细介绍振动台模型试验中地震波的选取原则、常用的地震波类型，以及地震波的加载方案。

2.4.1 地震波选取原则

在振动台模型试验中，地震波的选取需要综合考虑以下几个原则：

（1）代表性：所选地震波应具有代表性，能够反映目标区域的地震活动特征。活动特征主要包括以下方面：震级、震源机制、震中距和传播路径。

（2）覆盖性：选取的地震波应尽量覆盖不同的地震动特征，包括不同频率成分、不同持时和不同烈度等级等。

（3）可操作性：所选地震波应便于在振动台上加载和控制。需要考虑振动台的性能限制，如频率范围、最大加速度和承载性能等。

2.4.2　地震波类型

在振动台模型试验中，常用的地震波类型包括实测地震记录和人工合成波。

（1）实测地震记录是指在实际地震事件中通过地震仪器记录下来的地震波形。这类地震波具有真实的地震动特征，能够反映地震动在地壳中传播的复杂性。以下列举了常用的具有典型特征的地震记录，如 1940 年 El Centro 地震记录、1995 年 Kobe 地震记录和 2008 年的汶川地震卧龙地震波等。

（2）人工合成地震波是根据地震动理论和统计规律，通过数学模型生成的地震波形。这类地震波的优点是可以根据需要调节地震动特征，如频率成分、持续时间和强度等，具有较好的控制性。常用的人工合成地震波主要为正弦波。

2.4.3　地震波加载方案

时间域加载是常用的地震波加载方案，主要是将地震波形直接输入振动台，按照实际地震波形的时间历程加载地震动。但考虑振动台本身的频率和加速度范围，时间域加载主要分为以下两种。

（1）全时程加载：将地震波形的整个时间历程输入振动台，模拟地震动全过程。

（2）部分时程加载：选择地震波形的某一段时间历程进行加载，通常选择地震动强度最大的部分。

2.5　传感器与测量技术

振动台试验中，常用的传感器包括加速度计、位移传感器、应变片和压力传感器，分别用于测量加速度、位移、应变和压力响应。加速度计有压电式和电容式等类型；位移传感器有线弹式、激光和电感式等；电阻应变片广泛用于应变测量，压电和电容式传感器用于压力测量。

此外，传感器的布置须合理，通常布置在地下结构物的关键节点、土体的不同深度等位置。在进行传感器布设时，应做好接头处的防水保护和绝缘处理。数据连接线应保留足够传输长度，避免线路过多而约束岩体位移。

测量技术包括数据采集和信号处理，利用高精度的数据采集卡、系统和软件进行信号采集，采用滤波和频谱分析等技术处理信号，以确保获取准确和全面的试验数据。

2.6　数据处理技术

2.6.1　数据预处理

在试验过程中，试验数据将不可避免地受到许多使数据波形畸变的不良因素影响。进行信号数据分析前应对采集到的数据进行预处理，其中采集到的数据误差主要源于系统误差及人为误差。模型制作是采用预制砌块进行砌筑，在预制块之间出现较多的孔隙，采集到的响应波形将混合许多高频成分。在试验中，由于外界环境变化，也会导致传感器采集到的响应波形出现漂移，使采集到的响应波形数据也会出现偏移基线等畸变。因此，在试验过程中应对采集到的响应波形数据进行畸变处理，主要是基于测试系统的频响函数的相频和幅频校正，同时需要对响应波形进行基线校准及滤波。在振动台模型试验中对于响应波形的预处理主要包括高频滤波、基线校准及剔除无效采集数据。例如，在采集到的加速度时程及表面位移波形的傅里叶谱中（图 2-5），出现多处奇异值及无效数据等。实际地震波的频率通常为 0.1～10Hz，同时考虑振动台的频率相似系数及其工作频率范围，对于振动台试验采集的数据进行 50Hz 以内的低通滤波。在试验数据预处理过程中，采用 MATLAB 编写切比雪夫 Ⅱ 带通滤波器，利用 MATLAB 的批处理功能，采用 MATLAB 编程语言编制基线校正程序进行基线校正。

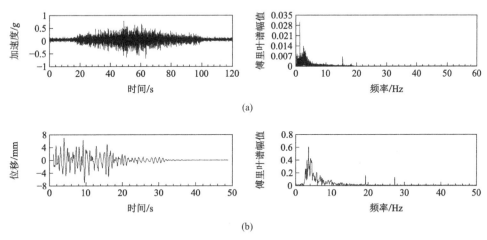

图 2-5　输入 0.074g 水平汶川波时 A2 的响应时程及傅里叶谱
（a）加速度；（b）位移

2.6.2　信号时间域处理

时域指标是从时间序列数据中直接提取的特征量，用于描述信号在时间上的特性。一般加速度时间域分析采用的参数为峰值信号。峰值是信号中的最大值和最小值，反映了信号的振幅。对于振动台试验，峰值可以用于评估结构物在振动载荷下承受的最大应力和变形。

时域响应分析主要关注边坡在地震作用下的动态行为，通过观察信号的时间特性，可以识别出不同岩质特性边坡的响应特征。通常采用的方法为通过绘制时间-位移、时间-速度和时间-加速度等时程曲线，直观地观察边坡地质体的动态响应。此外，还可以通过从放大效应、损伤变形等角度分析相关时程曲线探究边坡的动力响应特征。

2.6.3　信号频率域处理

傅里叶变换（Fourier transform）是将地震波等信号分解为多个简谐信号的组合，广泛应用于信号分析处理等方面。频率域分析主要包括傅里叶谱及功率谱分析，基于频率域的信号分析能够得到岩土体的频谱响应和地震波的频谱特性。利用傅里叶变换可以对岩土体频谱特征的振动响应进行分析，也可以通过信号频率成分的变化识别岩土体的震害损伤。傅里叶变换具有频率定位好、可以清晰地识别信号不同频率成分的优点。FFT 可以快速判识信号的主要组成成分，也可以快速进行滤波等，成为处理地震波信号的常用手段。FFT 的实质是将地震波信号 $a(t)$ 分解为多个不同频率的正弦波的组合 $F(a)$。基于快速傅里叶变换就可以辨识出组成一个正弦波的不同频率及其幅值，FFT 的数学表达式如下所示[9-10]：

$$F(a) = \int_{-\infty}^{+\infty} x(t)\,\mathrm{e}^{-j2\pi at}\,\mathrm{d}t \tag{2-10}$$

其中，$a(t)$ 是时间域的加速度时程，$F(a)$ 是加速度时程 $a(t)$ 的傅里叶变换。此外，通过傅里叶逆变换可以将频率域的傅里叶谱转换成原始信号的加速度时程[9-10]：

$$a(t) = \frac{1}{2\pi} \int_{-\infty}^{+\infty} F(t)\,\mathrm{e}^{j2\pi at}\,\mathrm{d}t \tag{2-11}$$

2.6.4　信号时频域处理

（1）Hilbert-Huang 变换

信号与系统的基本原理及其方法在现代科学及工程技术领域已经开始广泛应用，成为技术创新及科学研究的一项重要的研究手段。许多类型的积分方法，例如 Laplace 变换、傅里叶变换、小波变换及 Hilbert 变换等，在进行信号处理及系统分析中具有重要的作用。目前，出现了多种关于非稳态信号的时频处理方法，这些时频分析方法大多具有傅里叶变换处理信号的局限性。短时傅里叶变换与小波变换是常用的时频分析方法，短时傅里叶变换是对信号波沿时间轴加窗，并假设窗内的信号是平稳的，从而实现对整个信号的分段傅里叶变换。小波变换是构造一个适用于傅里叶变换的基函数，该基函数由于选择难度大，在很大程度上制约小波变换的应用。

Norden E. Huang 博士于 1998 年提出一种信号分析方法[11-12]，即 Hilbert-Huang 变换（HHT）。HHT 重点是提出固有模态函数的概念，并借助于经验模态分解（Empirical Mode Decomposition，EMD），即 EMD 法，它是一种自适应的数据处理或挖掘方法，可以将信号分解成有限个多阶固有模态函数，非常适合处理非平稳非线性信号[11-13]。EMD 方法可以将十分复杂的信号分解为若干个本征模函数（Intrinsic Mode Function，IMF），通过 EMD 分解后得到的 IMF 分量可以较好地反映不同时间尺度的原始信号的局部特征。在此基础上，对每个 IMF 进行 HHT 得到每个 IMF 的瞬时频率，进而将信号清晰地分布在时间-频率-幅值轴上。IMF 包含多种频率成分，频率随着 IMF 的阶数增加而逐渐减小。对于地震波等非线性非平稳信号，HHT 可以对这些信号进行自适应的高效分解。HHT 首先是对复杂时间序列进行 EMD，EMD 通过假设许多互异函数、非正弦的简单 IMF 组成某一复杂的时间序列。基于上述假设，EMD 能够将任意时间序列分解为许多频率由高到低分布的 IMF，其中每一阶 IMF 均包含原始信号的全部信息。然后，利用 HHT 对于所有的 IMF 进行变换，得到原始信号的所有的瞬时频率、Hilbert 谱及其边际谱。

（2）信号的 EMD 分解

实质上，信号的 EMD 分解是对于原始信号进行平稳处理的过程，将原始信号分解为一系列的 IMF，为后续进行 HHT 变换提供条件。EMD 的分解过程实际上就是为获取 IMF，EMD 方法建立在下列假设基础上[11-13]：①信号中存在两个极值点；②时间尺度通过两个极值点的时间长度定义；③若数据不存在极值点，则通过变形点的微分获取极值点。

EMD 方法的具体步骤如下：①对于原始信号时间序列$x(t)$进行搜索，得到其局部极值，对于局部极值采用 3 次样条曲线进行连接，得到极值的包络线及连接曲线。②对于$x(t)$局部的极值点的连接曲线取平均值，获得连接曲线的瞬时平均值$m(t)$。③令$x(t)$减去$m(t)$，可以获得去掉低频成分的数列$h(t)$。

其中 IMF 的两个条件为：①任一点的上下包络线的平均值均为 0；②极值点数与过零点数或最多相差 1 个。若数列$h(t)$满足上述条件，则可以将$h(t)$视为 IMF；反之，则需要将数列$h(t)$进行重新筛选，直至数列$h(t)$符合公式(2-12)及公式(2-13)为止。

$$h(t) = x(t) - m(t) \tag{2-12}$$

$$h_1(t) - c_1(t) = r_1(t) \tag{2-13}$$

其中，第一个 IMF 记作$c_1(t)$，将$c_1(t)$从原始数列中分离出来。

将$r_1(t)$作为新信号重复上述步骤进行筛选 IMF，直至原始数列$x(t)$被分解为n个 IMF 及一个残余项$r_n(t)$，如下式所示：

$$x(t) = \sum_{i=1}^{n} c_i(t) + r_n(t) \tag{2-14}$$

其中，残余项$r_n(t)$表示原始数列的趋势。EMD 的具体分解流程如图 2-6 所示。

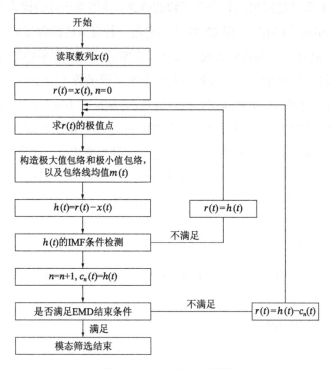

图 2-6　EMD 分解过程[13]

（3）HHT 方法的特性[1,10-14]

对于原始时间序列通过进行 EMD 分解得到 IMF 序列，再对各阶 IMF 进行 HHT 求解，得到各阶 IMF 的瞬时频率。瞬时频率为 HHT 的复解析信号的相位导数，可以较好地反映不同时刻的非平稳信号的频率特性变化规律。将时域信号记为$s(t)$，公式如下：

$$s(t) = a(t) - \cos \varphi(t) \tag{2-15}$$

其中，$a(t)$为随时间变化的幅值，$\varphi(t)$为信号的相位变化。

通过 HHT 求解(t)的共轭信号$H[s(t)]$如下：

$$H[s(t)] = \frac{1}{\pi} \int_{-\infty}^{+\infty} \frac{s(\tau)}{t-\tau} \mathrm{d}\tau = a(t) \sin \varphi(t) \tag{2-16}$$

信号$s(t)$的解析信号为$z(t)$：

$$z(t) = s(t) + iH[s(t)] = a(t)\mathrm{e}^{j\varphi(t)} \tag{2-17}$$

其中，$a(t)$为幅值函数，$\varphi(t)$为相位函数，如下所示：

$$a(t) = \sqrt{s^2(t) + H^2[s(t)]} \tag{2-18}$$

$$\varphi(t) = \arctan \frac{H[s(t)]}{s(t)} \tag{2-19}$$

相位函数求导数可以得到瞬时角频率函数$w(t)$及瞬时频率函数$f(t)$，如下所示：

$$\omega(t) = \frac{\mathrm{d}\varphi(t)}{\mathrm{d}t} \tag{2-20}$$

$$f(t) = \frac{\omega(t)}{2\pi} = \frac{1}{2\pi}\frac{\mathrm{d}\varphi(t)}{\mathrm{d}t} \tag{2-21}$$

振幅与瞬时频率为时间关联函数，Hilbert 谱$H(\omega, t)$表征信号的幅值在频率轴上随时间和频率的分布规律，Hilbert 谱如下所示：

$$H(\omega, t) = Re\sum_{j=1}^{n} a_j(t)\mathrm{e}^{i\int\omega_j(t)\,\mathrm{d}t} \tag{2-22}$$

边际谱是对 Hilbert 谱进行积分而得到的，边际谱由下式表示：

$$h(\omega) = \int_0^T H(\omega, t)\,\mathrm{d}t \tag{2-23}$$

Hilbert 谱反映的是地震信号幅值随时间和频率在整个频率轴上的变化规律，边际谱反映的是地震信号幅值在频率轴上随频率变化的规律，边际谱和傅里叶谱相似，而比傅里叶谱的频率分辨率更高。Hilbert 边际谱是通过对 Hilbert 谱积分得到的，边际谱表征幅值/能量在频率轴上的分布，边际谱幅值具有与傅里叶谱的幅值具有完全不同的意义[15-16]。在傅里叶谱中的某一频率上有幅值，表征在信号具有该频率的正弦波或余弦波，傅里叶谱幅值表示该频率域波的幅值大小。在边际谱中，某一频率上具有幅值表征在整个时间序列内具有该频率的振动，边际谱幅值表示出现该频率振动的概率大小，其出现的具体时刻由 Hilbert 谱确定。

相对于 HHT 边际谱而言，傅里叶谱具有较为严重的能量泄漏并且分辨率较低，边际谱可以基于原始信号提取的本征模态函数分量，可以消除虚假的谐波分量，得到更高分辨率的信号频谱。由于瞬时频率是具有局部、瞬时特征的概念，HHT 能量谱可以更好地反映地震波信号的时变特性，但是，傅里叶谱分析非平稳非线性的信号能力较弱。对于非平稳信号的分析需要集中于信号的局部统计性能方面，局部性能的研究需要利用信号的局部变换方法，即时频分析方法。时频分析方法是分析非线性非平稳信号的一个重要方法，时频分析方法克服传统的傅里叶变换的局限性，基于局部变换的方法表示信号。与 FFT 及小波变换不同，HHT 是由自身的某一个自适应局部范围内的信号确定的，HHT 也即局瞬信号分析方法。

参 考 文 献

[1]　刘汉香. 基于振动台试验的岩质斜坡地震动力响应规律研究[D]. 成都: 成都理工大学, 2014.

[2]　Xu Z, Luo Y, Chen J, et al. Mechanical properties and reasonable proportioning of similar materials in

physical model test of tunnel lining cracking [J]. Construction and Building Materials, 2021, 300: 123960.

[3] 周毅, 李术才, 李利平, 等. 地下工程流-固耦合试验新技术及其在充填型岩溶管道突水模型试验中的应用[J]. 岩土工程学报, 2015, 37(7): 1232-1240.

[4] 方开泰, 马长兴. 正交与均匀试验设计[M]. 北京: 科学出版社, 2001.

[5] 沈翔, 袁大军, 曹宇陶, 等. 模拟深海环境砂土地层的材料配比试验研究[J]. 西南交通大学学报, 2020, 55(3): 628-634.

[6] 王鸿儒, 赵密, 钟紫蓝, 等. 跨断层隧洞拟静力缩尺试验相似材料研究[J]. 工程力学, 2022, 39(6): 21-30+145.

[7] 中华人民共和国住房和城乡建设部. 工程岩体试验方法标准: GB/T 50266—2013[S]. 北京: 中国计划出版社, 2013.

[8] 中华人民共和国住房和城乡建设部. 土工试验方法标准: GB/T 50123—2019[S]. 北京: 中国计划出版社, 2019.

[9] 应怀樵. 波形和频谱分析与随机数据处理[M]. 北京: 中国铁道出版社, 1983.

[10] 郑伟华. 快速傅里叶变换——算法及应用[D]. 长沙: 湖南大学, 2015.

[11] Huang N E, Shen Z, Long S R, et al. The empirical mode decomposition and Hilbert spectrum for nonlinear and non-stationary time series analysis [J]. Proceedings of the Royal Society of London. Series A: mathematical, physical and engineering sciences, 1998, 454(1971): 903-995.

[12] Huang N E. New method for nonlinear and nonstationary time series analysis: empirical mode decomposition and Hilbert spectral analysis [C]//Wavelet Applications Ⅶ. International Society for Optics and Photonics, 2000, 4056: 197-210.

[13] 张郁山. 希尔伯特-黄变换(HHT)与地震动时程的希尔伯特谱——方法与应用研究[D]. 北京: 中国地震局地球物理研究所, 2003.

[14] 范刚. 含软弱夹层层状岩质边坡地震响应及稳定性判识时频方法研究[D]. 成都: 西南交通大学, 2016.

[15] Fan G, Zhang L M, Zhang J J, et al. Energy-based analysis of mechanisms of earthquake-induced landslide using Hilbert-Huang transform and marginal spectrum [J]. Rock Mechanics & Rock Engineering, 2017, 50(4): 1-17.

[16] 曹礼聪, 张建经, 刘飞成, 等. 含倾斜强风化带及局部边坡复杂场地的动力响应及破坏模式研究[J]. 岩石力学与工程学报, 2017, 36(9): 2238-2250.

第 3 章

隧道口顺层岩体边坡振动台模型试验

随着我国基础设施建设的高速发展，工程建设面临的问题愈加复杂。在西部山区进行隧道工程建设时，难以避免地遇到隧道穿越滑坡体的情况，导致隧道洞口段岩土体受到扰动引发边坡失稳[1-4]。汶川震后调查表明，隧道洞口结构震害损伤成为仅次于跨断层段隧道结构的区段，隧道洞口段边坡地震稳定性成为隧道工程建设不可忽略的工程地质问题[5-9]。

为研究顺层岩质边坡的地震动力响应规律及破坏模式，本章以某隧道洞口段顺层边坡为研究对象，基于相似准则设计并完成了振动台缩尺模型试验。研究了地形地质条件、地震动输入方向及地震动强度参数对隧道洞口段顺层边坡地震响应特征的影响，探讨了隧道结构对隧道洞口段顺层边坡动力响应的影响机制，揭示了地震作用下隧道洞口段顺层边坡的动力破坏模式。

3.1 相似比及相似材料

研究区位于"闽东燕山断坳带"东侧与闽东沿海变质带相接触的中部，主要经历了燕山期与喜玛拉雅二期构造运动，主要受 NNE 向长乐-南澳断裂带、滨海断裂带和近 EW 向南靖-厦门断裂带控制，主要以线形构造为主。其特征为动力变质和挤压破碎明显，区域性新构造运动特征是以断块差异升降运动为主，断裂、裂隙走向主要呈 NNE 向、高角度产出，并伴随较多的辉绿岩脉侵入，晚更新世以来运动逐渐减弱。隧址区属构造侵蚀地貌区，主要穿越丘陵山地，海拔为 70～145m（相对高差为 46～65m），山坡自然坡度为 20°～45°，局部较陡（＞45°），山谷呈纵横交错，植被发育。隧道进口位于采石场的采石坑附近，现状坡度 50°～70°，标高为 70～73m，未发现有明显的崩塌、滑坡等不良地质现象，但开采面基岩裸露，节理裂隙以走向 NE22°～30°为主，倾角以 77°～80°为主。坡顶孤、滚石较为发育。边坡岩性为燕山晚期黑云母中粒花岗岩，呈灰白、肉红色，中粒花岗结构、块状构造，矿物成分为钾长石（30%～35%）、斜长石（25%～30%）、石英（30%～35%）、黑云母（5%）等。根据其母岩风化程度由上至下依次为强风化花岗岩、中风化花岗岩和微风化花岗岩。隧道进洞口及洞身岩体为微风化花岗岩，边坡内发育有多条顺向软弱结构面，隧道洞口段岩质边坡的地形地貌如图 3-1 所示，其地质剖面如图 3-2 所示。

根据振动台的承载能力和技术参数以及模型边界条件，本次试验以几何尺寸、密度和加速度作为基本量纲。根据相似理论，综合考虑岩质边坡尺寸和模型箱的内壁尺寸，确定了本次试验基本量纲的相似常数：尺寸相似常数 $C_L = 150$，密度相似常数 $C_\rho = 1$，加速度相似常数 $C_a = 1$，按照 Buckingham's π 定理和量纲分析法，导出其余物理量的相似常数，如表 3-1 所示。

图 3-1　隧道洞口段层状边坡地貌

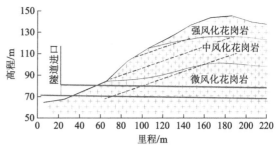

图 3-2　隧道洞口段层状岩质边坡工程地质剖面

模型试验主要相似常数　　　　　　　　　　　　表 3-1

物理量	相似关系	相似常数
几何尺度 L	C_L	150
振动加速度 a	C_a	1
密度 ρ	C_ρ	1
弹性模量 E	$C_E = C_\rho C_L C_a$	150
泊松比 μ	C_μ	1
黏聚力 c	$C_c = C_\rho C_a C_L$	150

根据现场勘探以及岩石的室内物理力学试验结果，该地区以花岗岩为主。因此在模型试验中边坡岩性主要考虑中风化花岗岩，结构面为强风化花岗岩。模型计算参数取值如表 3-2 所示。经正交试验反复调试，参照以往的试验及相关成果，最终采用的配比方案为，铁粉∶石英砂∶水泥∶黏土∶速凝剂∶水 = 405∶800∶180∶16∶2.1∶120。设计的顺层模型边坡高 0.8m，宽 0.6m，长 0.8m，层面倾角为 20°，边坡坡角为 60°。模型边坡中岩石模拟材料的基本物理力学参数如下：重度为 24.3kN/m³，抗压强度为 11MPa，弹性模量为 182MPa，泊松比为 0.21，黏聚力为 371kPa，内摩擦角为 43.9°，在试验过程中通过控制材料的重度来保证其物理力学指标。由于 PVC 板的摩擦系数较低，更容易观察到滑坡现象，因此结构面采用 PVC 板进行模拟，制作完成后的模型边坡如图 3-3 所示。

图 3-3　模型边坡及振动台

模型计算参数取值　　　　　　　　　　　　表 3-2

岩性	中风化花岗岩	软弱结构面
重度 γ/（kN/m³）	25	21
弹性模量 E/MPa	20000	100
泊松比 ν	0.26	0.32

续表

岩性	中风化花岗岩	软弱结构面
黏聚力c/kPa	1200	35
内摩擦角φ/°	45	30

3.2 加载方案设计

本试验振动台的主要技术参数为：台面尺寸为 3m × 3m，频率范围为 0.1～50.0Hz，最大位移水平向和竖直向均为 ±150mm。试验采用刚性密封模型箱，其内壁尺寸为 0.8m × 0.8m × 0.6m。为消除模型边界效应的影响，模型侧向边界处用松散土或细砂设置填充层，模型底部设置与模型材料同样的整体垫层。在振动台试验中，加速度和位移传感器主要用于记录试验过程中的加速度和位移时程。位移和加速度传感器的布局如图 3-4 所示。

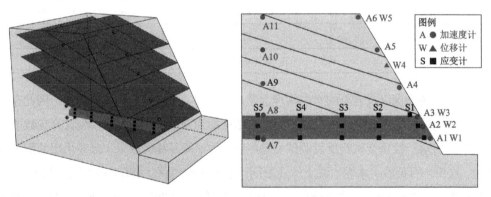

图 3-4　模型边坡概况及传感器布设

本次振动台试验主要通过输入不同大小与方向的加速度时程方式来模拟地震动。输入地震波选用 2 种波形，分别是白噪声与 2008 年汶川人工波。试验开始之前对模型输入加速度（0.03～0.05）g，且历时不少于 50s 的白噪声随机波，测试模型边坡的动力特性。地震动输入方案如表 3-3 所示。如其中一个加速度计已破坏，则可终止试验。输入地震动作用时间约为 160s，每隔一次都要输入白噪声进行测试，加载汶川波波形如图 3-5 所示。每次振动完成后对模型拍照和描述，并对容易破坏的重点部位进行标记，以对试验过程中的模型变形破坏进行对比分析。

模型边坡地震波加载方案 表 3-3

加载顺序	加载波形	加载方向
1	白噪声	水平
2	0.037g人工波	水平
3	白噪声	竖直

续表

加载顺序	加载波形	加载方向
4	0.037g人工波	竖直
5	白噪声	水平
6	0.125g人工波	水平
7	白噪声	竖直
8	0.125g人工波	竖直
9	白噪声	水平
10	0.254g人工波	水平
11	白噪声	竖直
12	0.254g人工波	竖直
13	白噪声	水平
14	0.4g人工波	水平
15	白噪声	竖直
16	0.4g人工波	竖直

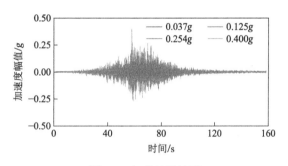

图 3-5　加载地震波形

研究显示，结构在水平方向和耦合方向地震波作用下关键点部位绝对位移相差很小，这说明结构横向变形主要由水平地震波产生，竖向地震波对其基本无影响。为观察完整的破坏过程，同时尽可能多采集到不同工况下边坡模型的动力响应数据。在模型加载时，烈度由低到高，方向先水平后垂直。即，首先对较低地震作用（0.037g）作水平方向的施加，然后进行垂直方向的荷载施加。接着，对于较高烈度的地震作用，先水平加载，后垂直加载。在荷载施加前，进行了压力传感器的地应力平衡。在进行新的工况之前，均需进行传感器的调零。

3.3　边坡动力响应时间域分析

波形特征是表示边坡地震反应规律的重要依据之一。以五个测点（A1、A3～A6）为例，它们在 0.1g水平人工波作用下的加速度和位移时间历程如图 3-6 所示。坡面的加速度和位移的波形总体上比较相似，但在 15～20s 范围内的振幅随海拔高度的变化波动较大。隧道结构和结构面的存在造成波形的叠加效应，导致隧道口边坡的地震特性发生变化。为便于研究隧道口边坡的振动特性，加速度放大系数（M_{PGA}）和位移放大系数（M_{PGD}）定义如下：$M_{PGA} = PGA_i/PGA_0$，$M_{PGD} = PGD_i/PGD_0$。式中，PGA_i（PGD_i）为某点的PGA（PGD），而PGA_0（PGD_0）是坡脚处的PGA（PGD）。

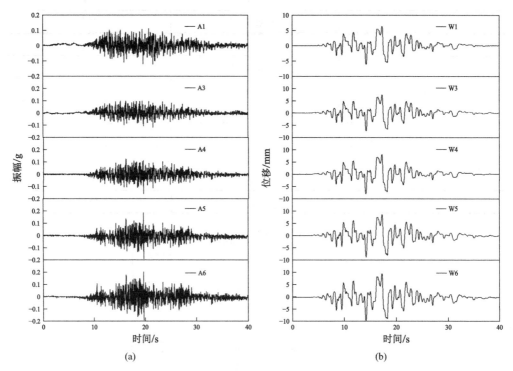

图 3-6　输入 0.1g水平人工波时采集波形

（a）加速度时程；（b）位移时程

3.3.1　地形地质效应

PGA 和 PGD 在模型表面的放大系数如图 3-7 所示。相对高程定义为h/H，其中h为某一位置到坡脚的高程，H为坡底到坡顶的高程。随着相对海拔的升高，M_{PGA}和M_{PGD}总体上逐渐增大。坡面M_{PGA}在穿越隧道结构时先减小后增大。由于岩体与隧道之间的传播介质差异较大，波的传播产生反射和折射，使波的传播路径和特征发生较大变化。这说明隧道结构减小模型的动力放大作用。此外，还分析坡面M_{PGA}与模型内部M_{PGA}的比值。由图 3-8 可以看出，随着h/H的增大，M_{PGA}比逐渐增大，范围在 1.0～1.4 之间。即模型表面的放大效应大于模型内部的放大效应。这是因为模型面为自由面，坡面约束和阻尼较小。将图 3-8（a）与图 3-8（b）对比，竖向地震作用下的M_{PGA}比要大得多，说明坡面垂直波作用下的放大作用更为明显。此外，还分析水平波作用下边坡的M_{PGA}分布（图 3-9），结构面以上的坡体M_{PGA}最大，即坡表的动力放大效应最大。

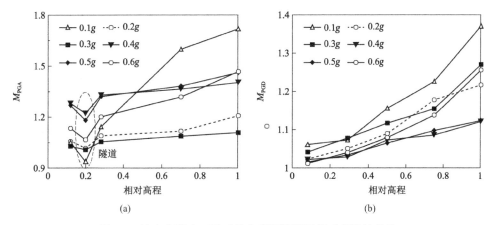

(a)

(b)

图 3-7 输入水平人工波时放大系数随坡面相对高程的变化

（a）M_{PGA}；（b）M_{PGD}

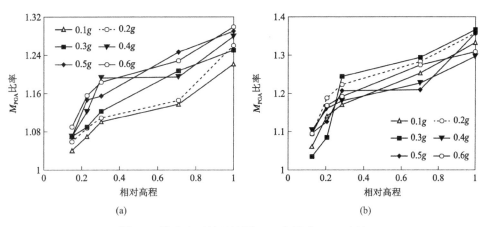

(a)

(b)

图 3-8 输入人工波时坡面 M_{PGA} 与坡内 M_{PGA} 之比

（a）水平波；（b）竖直波

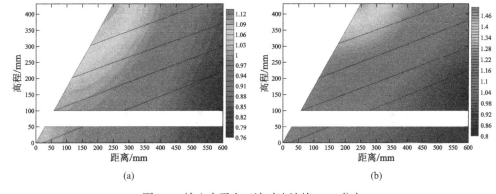

(a)

(b)

图 3-9 输入水平人工波时边坡的 M_{PGA} 分布

（a）0.3g；（b）0.6g

此外，拱脚的加速度放大作用大于拱腰，小于拱顶（图 3-7a），即拱腰 M_{PGA} < 拱脚 M_{PGA} < 拱顶 M_{PGA}。分析峰值应变 ε_{max} 随与坡面距离的变化规律，由图 3-10 可以看出，拱顶的 ε_{max} 最大，其次是拱脚，拱腰。此外，在坡面，ε_{max} 随着与模型坡面距离的增加

而逐渐减小，ε_{max} 的减小率也逐渐减小。这表明，模型近地表的 ε_{max} 明显大于模型内部，边坡内部围岩和隧道结构的强迫位移较小，而边坡表面的强迫位移较大，表现出典型的表面放大效应。

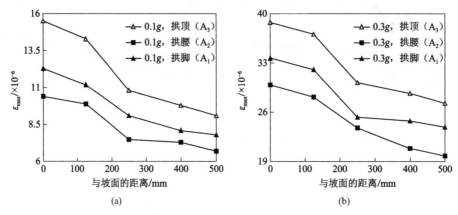

图 3-10　输入水平人工波时应变峰值随与坡面距离的变化

（a）0.1g；（b）0.3g

3.3.2　地震方向和烈度对边坡地震放大效应的影响

为研究地震方向对模型动力响应特性的影响，分析坡面处水平波与垂直波作用下 M_{PGAx}/M_{PGAz}（PGD_x/PGD_z）的比值，如图 3-11 所示。M_{PGAx}/M_{PGAz} 比值为 1.08~1.29，PGD_x/PGD_z 比值为 1.09~1.37。水平波作用下边坡的振动加速度和位移放大效应大于竖直波作用下边坡的振动加速度和位移放大效应。对于层状边坡，不同地震动方向下边坡的地震反应特征不同，边坡结构面容易发生变形和破坏。由于结构面倾角接近水平方向，在水平波作用下结构面出现较大的近似水平剪切力。在竖直波作用下，坡体和结构面主要产生竖向拉力。但与水平波作用下的剪切力相比，竖向拉伸力较小，导致坡体在水平波作用下的动力放大效应更大。

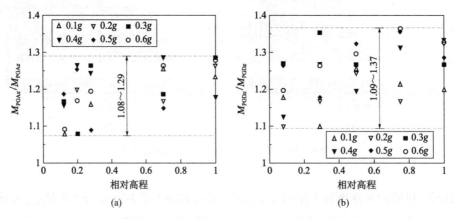

图 3-11　水平地震作用与竖直地震作用之比

（a）M_{PGAx}/M_{PGAz}；（b）M_{PGDx}/M_{PGDz}

此外，还分析不同地震烈度下隧道口边坡的放大效应（图 3-12）。当地震烈度小于 0.3g 时，边坡的 M_{PGA} 随着地震烈度的增大而逐渐变小，即由于边坡内部的变形逐渐变小，放大效应逐渐减弱，但不发生塑性破坏。在 0.3g~0.4g 阶段，M_{PGA} 变化明显，呈现由下降到突然上升的现象。这说明边坡的小变形应力状态发生变化，开始出现塑性变形。塑性变形是连续累积的，但不存在大变形的突然增加。这一阶段可视为弹塑性变形阶段。当地震烈度大于 0.4g 时，M_{PGA} 突然减小，并随着地震烈度的增大逐渐趋于稳定。当塑性变形逐渐累积时，模型进入塑性变形状态，导致动力放大效应逐渐减弱。因此，通过分析 M_{PGA} 的变化特征，可以更好地识别隧道口边坡的累积演化过程，包括弹性变形阶段（ < 0.3g）、弹塑性变形阶段（0.3g~0.4g）、塑性变形阶段（ > 0.4g），并且从图 3-12（b）可以看出，在 > 0.4g 阶段，M_{PGD} 逐渐增大。0.4g 地震烈度为边坡变形状态临界值，其动力破坏演化过程包含弹性变形阶段（ < 0.4g）和塑性变形阶段（ > 0.4g），与 M_{PGD} 相比，M_{PGA} 能更好地识别隧道口边坡的弹塑性变形阶段。

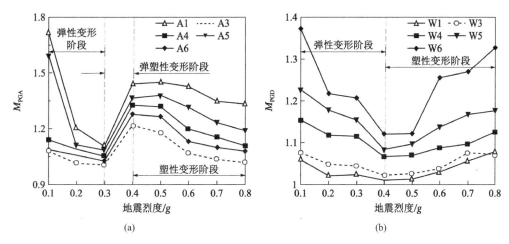

图 3-12　坡面放大系数随地震烈度的变化

（a）M_{PGA}；（b）M_{PGD}

3.4　边坡动力响应频率域分析

3.4.1　地震作用下隧道口边坡的固有特性分析

提取代表性测量位置加速度-时程，并通过快速傅里叶变换（FFT）得到其傅里叶谱。0.125g 竖直汶川人工波输入下坡面加速度时程及频谱如图 3-13 所示。通过分析典型测点频谱特征，从内在特征角度分析边坡地震反应特征，阐明固有频率与边坡动力响应的相关机理。从图 3-13 可看出，输入波具有明显优势频率 f_1（2~3Hz）。边坡主要包含四个固有频率 f_1（2~3Hz）、f_2（7~8Hz）、f_3（13~14Hz）和 f_4（22~23Hz）。

与输入波相比，f_2、f_3和f_4的傅里叶谱幅值明显放大。由于复杂的地质构造和隧道结构，岩体的不连续分布改变傅里叶谱幅值沿频率轴的分布特征。边坡作为一个天然过滤器，倾向于放大地震某些频率部分。特别是地震动频率幅值接近岩体固有频率，且在固有频率上表现出共振效应。对比f_1的频谱幅值，$f_2 \sim f_4$的频谱幅值随模型高度的上升速度较快，尤其是f_2和f_3的频谱幅值显著大于f_1。这说明地震动能量主要集中在f_2和f_3。也就是说，高程对地震动高频段有明显的放大作用，地震动分布的能量主要集中在某些频率分量（固有频带）。

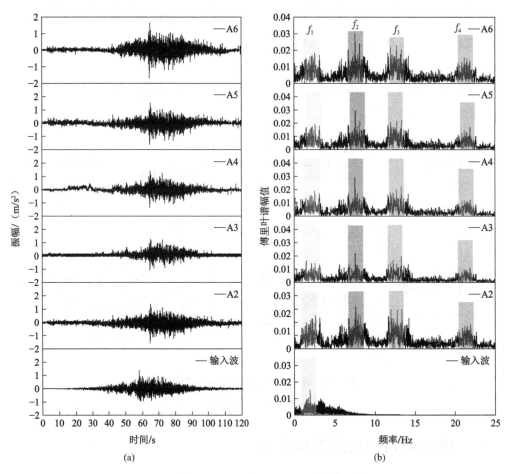

图 3-13　输入 0.125g 竖直汶川人工波时模型波形

（a）加速度-时程；（b）傅里叶谱

此外，为阐明模型中能量传递的特征，以 A1 为参考点，其他测点与 A1 的傅里叶谱比作为分析参数。以 0.125g 水平波为例，谱比如图 3-14 所示。频谱比曲线变化不明显，具有较大的离散分布特征。因此，采用频谱比曲线趋势拟合的方法，进而分析地震能量在频率轴上的分布和传递特征。图 3-14 拟合公式的正负斜率表示地震动能量沿频率轴的传播方向，截距表示低频段地震波能量的震级。该能量幅值不同于地震波的实际能量，属于无因次量。由图 3-14 可知，A2/A1 和 A3/A1 频谱比曲线拟合公式在隧道下方区域的斜率小于 0，A4/A1 和 A5/A1 频谱比曲线拟合公式在隧道上方区域的斜率大于 0。这说明隧道下方的能量主要集中在低频频段，而隧道上方的能量主要沿频率轴从低频段向高频段传输。

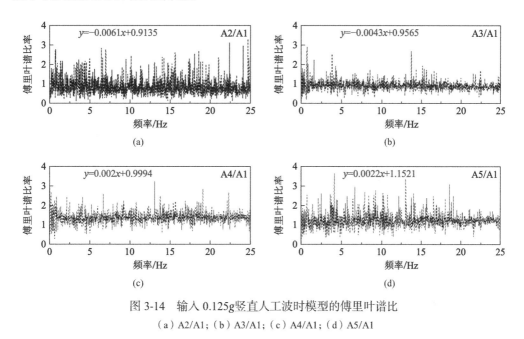

图 3-14　输入 0.125g 竖直人工波时模型的傅里叶谱比
（a）A2/A1；（b）A3/A1；（c）A4/A1；（d）A5/A1

3.4.2　动力放大效应分析

为研究模型的动力放大效应，采用不同固有频率的 PFSA 作为分析参数。PFSA 随坡度相对高程（h/H）的变化如图 3-15 所示。随着 h/H 的增加，$f_1 \sim f_3$ 的 PFSA 逐渐增大，在隧道区域出现一定程度的减小。说明高程放大模型的地震反应，隧道有一定的弱化作用。f_4 的 PFSA 随着 h/H 的增大先增大，在隧道范围内减小，在隧道上方继续增大，当 $h/H > 0.7$（坡面）时减小。可以发现，高阶固有频率 f_4 主要引起局部损伤。与 f_3 相比，f_1 和 f_2 的 PFSA 随 h/H 的增加速率更高，说明高程放大效应在低阶固有频带更为明显。

以输入水平波为例，模型表面不同固有频率下的 PFSA 如图 3-16 所示。当峰值地震动小于 0.4g 时，PFSA 逐渐增大（图 3-16a、b）。当峰值地震动大于 0.4g 时，PFSA 急剧下降。因此，边坡稳定阶段可分为累积变形阶段和滑动失稳阶段。低阶固有频率反映边坡的整体损伤特征，对局部小损伤不敏感，能较好地识别破坏临界点。图 3-16（c）、（d）显示，在（0～0.254）g 范围内，PFSA 逐渐增加。在（0.254～0.4）g 阶段，PFSA 的增加速率明显加快。当峰值地震动大于 0.4g 时，PFSA 突然下降。边坡的破坏演化可分为起裂阶段、加速变形阶段和滑动失稳阶段。也就是说，利用高阶固有频率可以清晰地识别边坡地震损伤演化过程的两个临界点（0.254g和0.4g），这两个临界点是边坡变形状态的两个关键临界点。因此，高阶固有频率段的 PFSA 可以识别局部损伤特征，进一步细化模型地震损伤演化的识别，比低阶固有频率段更清晰。

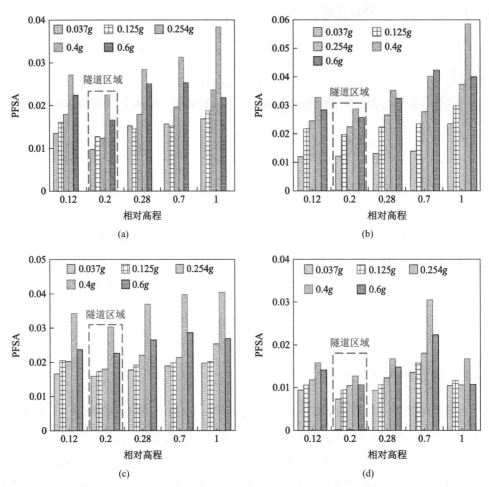

图 3-15　输入水平波时坡面 PFSA 随相对高程的变化
（a）f_1；（b）f_2；（c）f_3；（d）f_4

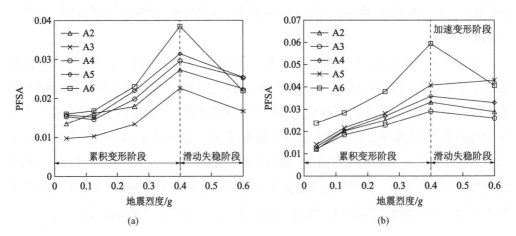

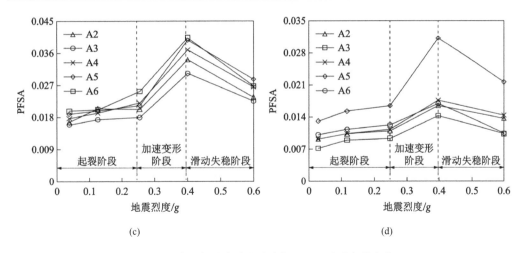

图 3-16　输入水平波时边坡内部 PFSA 随烈度的变化

（a）f_1；（b）f_2；（c）f_3；（d）f_4

3.4.3　边坡固有频率与地震反应的相关机理分析

为研究边坡固有频率与地震反应特征的相关机理，不同地震动作用下的 PFSA 如图 3-17 所示。在图 3-17（a）中，f_1 的 PFSA 随坡高而升高，在坡肩区域达到峰值。顶部不连续面上方的 PFSA 显著大于其他区域，说明主频 f_1 主要控制着坡面的动力损伤。f_2 在坡面处的 PFSA 最大（图 3-17b），在第二结构面以上出现局部 PFSA 放大现象。在图 3-17（c）中，f_3 的 PFSA 放大区域主要集中在坡面。PFSA 不仅对坡面有整体放大作用，而且对坡脚、坡面中部和坡顶后缘也有局部放大作用。在图 3-17（d）中，PFSA 的分布特征与前三个固有频率的分布特征明显不同。PFSA 的放大区域明显集中在模型边坡的中上部，具有明显的局部放大效应特征。前 3 个固有频率在很大程度上控制模型边坡的整体破坏特征，第 2～3 个固有频率也影响局部变形特征，第 4 个固有频率主要控制局部损伤。随着固有频率阶数的增加，固有频率与模型地震反应特征的关联机制逐渐由整体变形向局部变形特征转变。

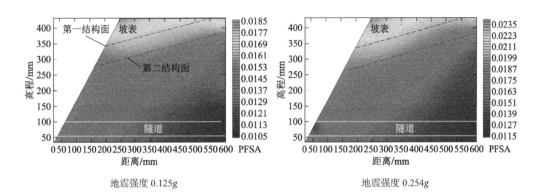

（a）

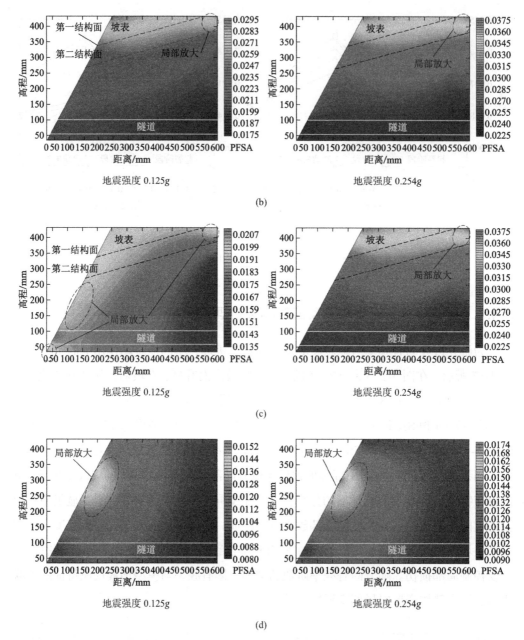

图 3-17 输入水平波时模型不同固有频率下 PFSA 分布

（a）f_1；（b）f_2；（c）f_3；（d）f_4

另外，边坡动力破坏特征与固有频率的关系如图 3-18 所示。f_1、f_2 和 f_3 主要控制坡面的滑动破坏。f_2 和 f_3 主要影响模型后边缘的局部损伤。坡脚局部破坏主要由 f_3 引起。坡面中部局部损伤主要由 f_3 和 f_4 引起。因此，高阶固有频率主要控制边坡的小破坏特征，对边坡内部裂纹萌生、扩展和合并等破坏行为具有关键影响，而低阶固有频率则控制滑坡的整体失稳破坏。但在复杂边坡的动力损伤演化过程中，边坡的破坏通常从局部的小损伤开始，随着损伤的积累，逐渐出现边坡的整体失稳破坏。

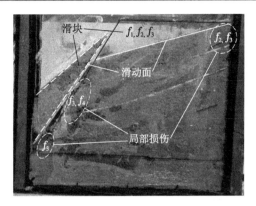

图 3-18　模型的损伤面积与其固有频率的关系

3.5 边坡动力响应时频域分析

3.5.1 基于能量的边坡震害识别

当波在岩体中传播时，如果发生地震损伤，波的能量在地震损伤部位不能正常传递。地震能量的耗散使 Hilbert 边际谱发生显著的突变。Hilbert 边际谱表征边坡的能量分布规律，IF 谱反映波的时变振动特性。最大边际谱幅值（PMSA）随高程呈线性增大趋势，且 PMSA 变化较小，说明边坡未发生损伤。但如果边坡某一位置的边际谱出现 PMSA 突变，且突变位置上方区域的 PMSA 变化幅度较小，则说明该区域的动力响应特征与其他区域不同，出现地震损伤。也就是说，如果边坡中存在明显影响其结构完整性的损伤和断裂，则损伤区域上方的 PMSA 及其特征频率将发生较大变化。基于 Hilbert 边际谱理论，结合边坡表面位移和试验破坏现象，根据边坡震害发展过程，阐明边坡失稳模式。

以 0.1g 人工波为例，分析 IMF 的前几阶及其 IF 曲线（图 3-19）。可以发现，IMF2 最大，相应的频率分量也更丰富，辨识度更高。因此，选取各监测点的 IMF2 进行质谱分析。以 0.1g 水平人工波作用下坡面加速度时程为例，对应的 MS 如图 3-20 所示。频带（10～20Hz）的 MS 幅值明显较大，特别是低频（＜10Hz）和高频（＞20Hz）的 MS 幅值较小。这说明 MS 地震能量主要集中在 10～20Hz。从图 3-20 可以看出，在 10～20Hz 范围内，坡面 PMSA 随坡高的增加而逐渐增大。在高频波段（35～42Hz），A1 和 A3 的振幅较小，呈单峰特征，质谱形状相似。这一现象说明隧道对边坡的边际谱特征没有明显影响，即隧道结构对岩体内地震能量传递特性没有明显影响。此外，随着海拔的升高，A4～A6 的边际谱幅值迅速增大，单峰特征逐渐变为多峰特征。这表明不连续性对高频波段的 MS 特征有影响。也就是说，不连续面对地震波能量在边坡中的传播特性有很大的影响。

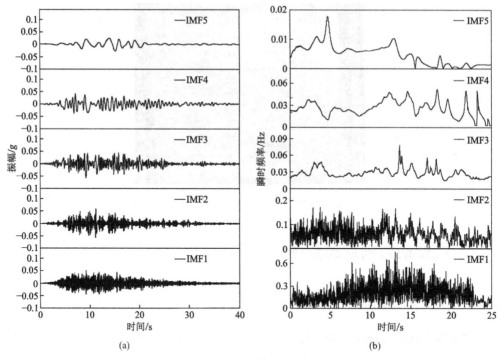

图 3-19　输入 0.1g 人工波时加速度时程的 EMD 结果

（a）IMF；（b）瞬时频率

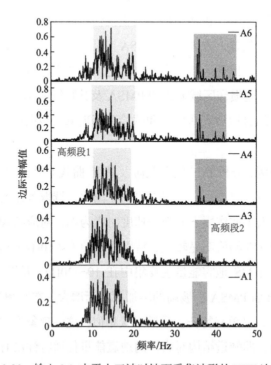

图 3-20　输入 0.1g 水平人工波时坡面采集波形的 HHT 边际谱

为研究波的能量在坡面中的传播，PMSA 随高程的变化如图 3-21 所示。当地震烈度小于 0.4g 时，PMSA 随坡高增大，说明波的能量随高程在坡内传播，表现出高程放大效应。对比图 3-21（a）和图 3-21（b），PMSA 在隧道结构处变化特征不同。隧道结构在坡面附近的 PMSA 减小，说明地震能量在隧道结构内部的传播特性与围岩不同。也就是说，与边坡内部相比，边坡表面的隧道结构对地震波能量传播特性的影响更大。当地震烈度大于 0.4g 时，当 $h/H < 0.7$ 时，PMSA 整体增大，说明地震波能量在区域内传播具有典型放大效应。当 $h/H > 0.7$（顶部构造面以上坡面）时，PMSA 突然减小。可以发现，波的能量在坡面的传播异常，即发生地震破坏。此外，分析 PMSA 分布特征（图 3-22）。当地震烈度小于 0.3g 时，PMSA 具有明显高程放大效应，说明岩体地震动能量传递随坡高增大而增大。而当地震烈度大于 0.4g 时，坡面 PMSA 减小，说明坡面出现地震能量异常传播特征，发生地震破坏。即在（0.3～0.4）g 阶段，边坡开始发生弹塑性变形，在 0.4g 之后，边坡开始出现塑性变形。

　　为识别动力累积损伤过程，对不同地震烈度下的 PMSA 进行分析。地震运动下的 PMSA 如图 3-23 所示。坡面以下测点（A1～A5 和 A7～A10）随地震烈度增大，说明坡面以下未发生破坏。而 A6 和 A11 的 PMSA 在地震烈度小于 0.4g 时呈上升趋势，大于 0.4g 时呈下降趋势。坡面的地震能量具有突变性，不能正常传播。当地震烈度大于 0.4g 时，坡面区域出现局部损伤，且随着地震烈度的增加，地震损伤逐渐出现累积变形。当累积变形达到一定程度时，坡面出现较大变形破坏。模型表面附近的损伤程度大于模型内部，且坡面损伤更为严重。

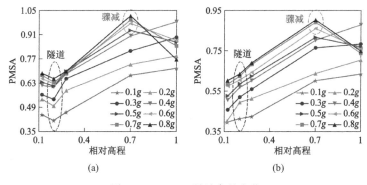

图 3-21　PMSA 随坡高的变化

（a）坡面；（b）斜内

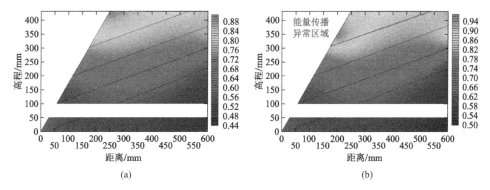

（a）　　　　　　　　　　　　　（b）

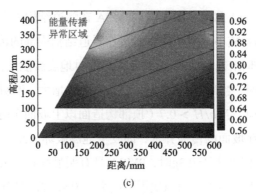

(c)

图 3-22 坡面 PMSA 分布

（a）0.3g；（b）0.4g；（c）0.6g

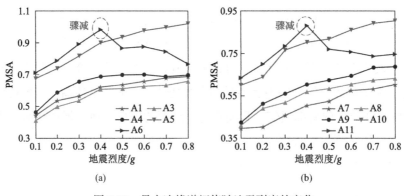

图 3-23 最大边缘谱幅值随地震烈度的变化

（a）坡面；（b）坡内

3.5.2 地震 HHT 能量谱分析

以输入 0.3g 水平人工波为例，典型测点的地震 HHT 能量谱（Hilbert energy spectrum，HES）如图 3-24 所示。隧道下方 A1 的最大地震 HES 幅值（PSHESA）出现在 13～16s 和 14～16Hz 附近，与加速度时程峰值相似，即能量谱峰值出现在边坡振动幅值最大的时刻。对比 A1 和 A3 的能量谱，隧道上方 A3 的 PSHESA 有一定程度的增加，而 A1 的能量谱相对简单。这说明隧道对能量谱特性有影响。随着高程的增加，A4 和 A6 的 PSHESA 显著增加，尤其是 35～38Hz 的能量谱幅值。能量谱峰值逐渐呈现出多峰特征，表明结构表面对能量谱特性影响较大。这是由于结构面使地震波分量更加丰富，导致地震 HES 分布更加复杂，特别是放大了高频段（35～38Hz）能量谱的幅值。

并以输入水平人工波（0.3g 和 0.6g）为例，分析 PSHESA 的分布（图 3-25）。PSHESA 的分布特征与 PGA、PGD 和 PFSA 相似。与边际谱相比，HHT 能量谱能全面表征边坡的地震特征，MS 能更好地表征边坡的局部损伤特征。这是因为 MS 是从对某一阶辨识度较高的 IMF 中获得的，更能代表局部响应特征。HES 反映了原始地震动的特征，包括许多频率分量，反映了整体的地震反应特征。

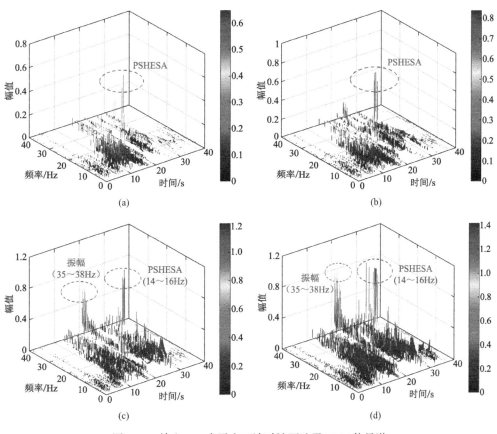

图 3-24　输入 0.3g 水平人工波时坡面地震 HHT 能量谱

（a）A1；（b）A3；（c）A4；（d）A6

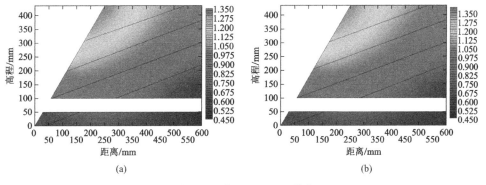

图 3-25　坡面 PSHESA 分布

（a）0.3g；（b）0.6g

参 考 文 献

[1]　邢军, 董小波, 贺晓宁. 隧道洞口滑坡工程地质问题与变形机理研究[J]. 灾害学, 2018, 33(S1): 14-29.

[2] 杨忠平, 李诗琪, 李万坤, 等. 频发微震下含水率对堆积体斜坡动力响应规律及失稳模式的影响[J]. 岩土工程学报, 2021, 43(5): 822-831.

[3] 杨忠平, 刘树林, 刘永权, 等. 反复微震作用下顺层及反倾岩质边坡的动力稳定性分析[J]. 岩土工程学报, 2018, 40(7): 1277-1286.

[4] 宋丹青, 黄进, 刘晓丽, 等. 地震作用下岩体结构及岩性对高陡岩质边坡动力响应特征的影响[J]. 清华大学学报 (自然科学版), 2021, 61(8): 873-880.

[5] 亢金涛, 吴琼, 唐辉明, 等. 岩石/结构面劣化导致巴东组软硬互层岩体强度劣化的作用机制[J]. 地球科学, 2019, 44(11): 3950-3960.

[6] 任洋, 李天斌, 赖林. 强震区隧道洞口段边坡动力响应特征离心振动台试验[J]. 岩土力学, 2020, 41(5): 1605-1612+1624.

[7] 任洋, 王栋, 李天斌, 等. 川藏交通廊道雅安至新都桥段地应力特征及工程效应分析[J]. 岩石力学与工程学报, 2021, 40(1): 65-76.

[8] 周洪福, 符文熹, 叶飞, 等. 陡倾坡外弱面控制的斜坡滑移-剪损变形破坏模式[J]. 地球科学, 2021, 46(4): 1437-1446.

[9] Song D Q, Liu X L, Chen Z, et al. Influence of tunnel excavation on the stability of a bedded rock slope: A case study on the mountainous area in southern Anhui, China [J]. KSCE Journal of Civil Engineering, 2021, 25: 114-123.

第 4 章

地震高烈度区顺层岩体边坡振动台模型试验

近年来，随着中国山区高速公路与高速铁路建设的迅速发展，在西部山区修建的边坡-隧道工程日益增多[1-2]。中国西部山区位于欧亚地震带，区域构造运动活跃，地震活动强烈，属于典型的地震高烈度区[1]。而活跃的地震运动进一步降低了边坡稳定性，导致特大滑坡灾害频繁发生[2]，从而造成人员伤亡和财产损失[3-4]。同时，大量地质灾害事件表明，地震是诱发边坡变形和隧道破坏的主要因素。例如，1997年北海道西部发生的Shiraiwa隧道滑坡[5]，1999年我国台湾集集地震造成的山区隧道滑坡[6]，2004年日本新泻地震造成的隧道滑坡[7]，2008年我国汶川大地震时发生的龙洞子隧道滑坡，桃关隧道滑坡和龙溪隧道滑坡[8]，2011年日本关东大地震造成的大量隧道洞口段破坏[9]，2016年日本熊本地震造成桃山隧道滑坡[10]，都造成了大量的人员伤亡和财产损伤。因此研究高烈度区作用下顺层边坡的动力响应及失稳破坏对工程建设和抗震防护具有重要意义。

因此，本章节构建了平行穿越多组软弱夹层的隧道-边坡模型，开展了跨夹层隧道-边坡的振动台试验。与以往的研究相比，试验通过多次施加原型边坡邻近区域采集的地震波的方式，成功模拟了高烈度区地震频发对边坡岩体的劣化作用。试验通过分析加速度（PGA）及其放大效应，探究了边坡-隧道洞口段体系的动力响应特征。研究成果可为地震高烈度区隧道洞口段边坡的动力响应特征、辅助损伤识别及变形破坏防护设计提供理论参考。

4.1 概化模型及相似材料确定

4.1.1 原型边坡概况

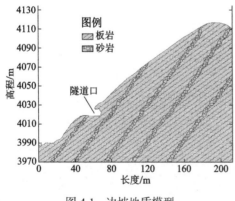

图 4-1　边坡地质模型

本章节选择的原型边坡为岩质边坡，坡脚高程为3990m，坡顶高程为4120m，平均自然坡度约为35°，岩体节理发育并含有较多软弱结构面，如图4-1所示。根据工程钻探结果显示，边坡基岩岩性为裂隙发育的中风化板岩，软弱夹层为变质砂岩，夹层倾角55°，属于陡倾顺层岩体边坡。根据直剪试验和单轴压缩试验，岩体和软弱夹层的物理力学参数如表4-1所示。

原型边坡不同岩性的物理力学参数　　表 4-1

岩性	密度/（kg/m³）	弹性模量/GPa	黏聚力/kPa	内摩擦角/°
板岩	2650	5～8	2090	41
砂岩	2500	0.77～2.4	4000	29.8

4.1.2　地质模型概化

试验采用尺寸为 1500mm × 800mm × 1500mm 的刚性模型箱进行模型砌筑及振动台试验，见图 4-2（a）和（b）。针对地震波在模型箱边界上的边界效应：首先，在模型箱底部铺设 10mm 的砂垫层减少边坡与模型箱的相对滑动；其次，在模型箱两侧放置 5cm 厚的泡沫板作为减振层。此外，模型箱两侧还安装 10mm 厚的钢化玻璃以便观察边坡模型的失稳破坏过程。

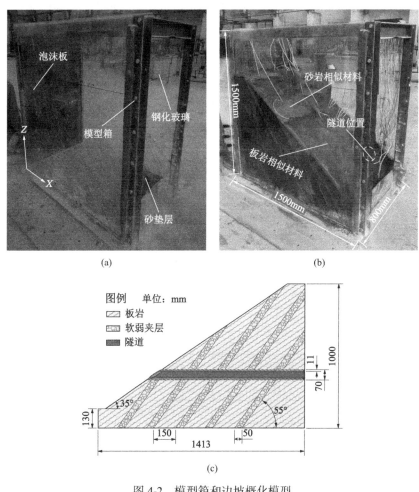

图 4-2　模型箱和边坡概化模型
（a）模型箱；（b）概化模型制作；（c）地质概化模型

根据地质剖面图，在考虑模型箱尺寸、相似比例以及振动台承重的基础上，概化设计了如图 4-2（c）所示的边坡模型。模型与原型尺寸之比为 1:150，模型边坡倾角与天然边坡一致，均为 35°；模型中软弱夹层倾角为 55°。模型边坡的几何尺寸：长 1413mm，宽 800mm，高 1000mm。隧道衬砌结构高度为 70mm，衬砌厚度为 11mm。此外，软弱夹层厚度为 50mm，相邻夹层间距为 150mm。

在模型边坡制作时，基岩和软弱夹层均采用现场浇筑的方式，将各种相似材料按配比混合搅拌均匀后倒入模型箱内，按照体积控制原则分层压实材料至设计密度，每层压实厚度为 10cm。图 4-2（b）展示了边坡模型的尺寸及成型结果。需要注意的是，为后期方便观测边坡表面位移，在成型后的边坡表面涂抹了一层均匀的石膏粉。

4.1.3　相似准则及相似材料

在模型边坡的振动台试验中，相似关系的确定是模型试验能否成功的主要因素。因此，为了更好地模拟实际边坡工程，通过 Buckingham's π 定理和无量纲准则保证模型边坡的尺寸和物理力学参数与原型边坡尽可能相似。本书选择加速度、密度和尺寸作为控制变量。在控制变量的基础上对边坡的物理力学参数进行相似关系的计算。同时，考虑本书参考的实际边坡高程和室内模型箱尺寸，确定尺寸相似比 $C_L = 150$，确定密度和加速度的相似比均为 1，即 $C_\rho = 1$；$C_a = 1$。其余物理参数相似关系如表 4-2 所示。

边坡模型的相似准则　　　　　　　　　　　　　　　　表 4-2

物理参数	量纲	相似准则	相似比
密度 ρ	$[M][L]^{-3}$	控制变量，$C_\rho = 1$	1
尺寸 L	$[L]$	控制变量，C_L	1/150
加速度 a	$[L][T]^{-2}$	控制变量，C_a	1
弹性模量 E	$[M][L]^{-1}[T]^{-2}$	$C_E = C_\rho C_L C_a$	1/150
黏聚力 c	$[M][L]^{-1}[T]^{-2}$	$C_c = C_\rho C_L C_a$	1/150
内摩擦角 φ	—	1	1
应力 σ	$[M][L]^{-1}[T]^{-2}$	$C_\sigma = C_\rho C_L C_a$	1/150
应变 ε	—	1	1
时间 t	$[T]$	$C_t = C_L^{0.5} C_a^{-0.5}$	1/12.25
频率 ω	$[T]^{-1}$	$C_\omega = C_L^{-0.5} C_a^{0.5}$	1/12.25
位移 x	$[L]$	$C_x = C_L$	1/150
速度 υ	$[L][T]^{-1}$	$C_\upsilon = C_L^{0.5} C_a^{0.5}$	1/12.25
重力加速度 g	$[L][T]^{-2}$	$C_g = C_a$	1
阻尼比 λ	—	1	1

根据相似关系及以往国内外对相似材料性能的研究，本试验选择石英砂、铁粉、水泥和黏土等材料作为边坡基岩的相似材料，其配比为石英砂：铁粉：水泥：黏土：速凝剂：水 = 55.83：29.38：0.955：1.12：0.088：12.63；选择石英砂、粉土等材料作为软弱夹层的相似材料，其配比为石英砂：粉土：水 = 41.96：48.95：9.09。隧道衬砌结构采用 P·O42.5 水泥和 8 目钢丝网砌筑而成。同时，根据室内力学试验测得物理力学参数如表 4-3 所示。

边坡模型相似材料的物理力学参数　　　　表 4-3

岩性	密度/（kg/m³）	弹性模量/GPa	黏聚力/kPa	内摩擦角/°
板岩	2650	0.04228	27.6	44.44
砂岩	2500	0.006	9.46	26.21

4.2　试验加载方案设计

4.2.1　振动台设备及监测仪器

试验采用振动台的尺寸为 3m×3m，容量为 10t；加载频率为 0.5～50Hz。X、Y、Z方向满载加速度范围为（0～1.0）g。

为充分监测地震作用下边坡-隧道的动力响应特征，在模型砌筑过程中安装 21 个加速度传感器和 3 个位移传感器，具体位置如图 4-3 所示。其中，加速度传感器为 IEPE 压电式三向加速度传感器，位移传感器为 5G203 拉线式传感器。

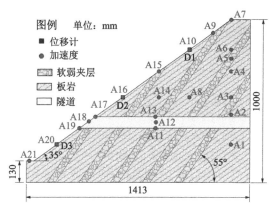

图 4-3　监测传感器布设方案

4.2.2　输入波形及加载方案

为研究高烈度区边坡在不同地震波幅值和加载方向下的动力响应及变形破坏规律，试验首先进行 80 多次振幅不大于 0.04g的微震，模拟地震高烈度区边坡地质环境，如图 4-4（a）所示。其中，加载的微震地震波选取自研究区域附近的站点；其次，采用输入波幅值从小到大，方向先X向后Z向的加载顺序对边坡模型进行激震；最后，在每次输入波加载完成后，均采用幅值为 0.05g、方向为X向的白噪声进行扫频。

同时，试验输入地震波为 2008 年汶川地震采集到的波形信号，其主频为 7.59Hz，如图 4-4（b）、（c）所示。特别注意的是，本次加载地震波未按照时间相似比（C_t = 12.25）进行压缩变换，这是因为压缩后的地震波卓越频率超过了振动台工作频率，对试验造成较大影响。但是，本章探讨的边坡-隧道体系动力响应特征及破坏规律均是基于同一加载波形下，因此地震波是否压缩对模型的规律变化影响较小。

具体的加载工况设置如表4-4所示。表4-4中WC表示加载汶川地震波，WN表示加载的白噪声，X表示加载方向为X向，Z表示加载方向为Z向。

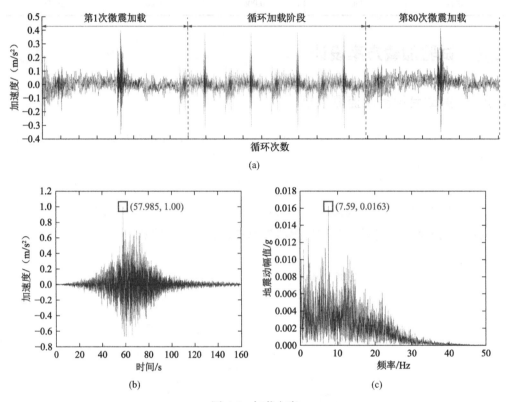

图4-4 加载方案

（a）微震循环加载；（b）WC地震时程曲线；（c）WC地震傅里叶谱

地震波加载工况 表4-4

序号	波形	地震动幅值/（m/s²）	加载方向	序号	波形	地震动幅值/（m/s²）	加载方向
通过施加80次以上的微震模拟地震高烈度区作用							
1	WC	0.3	X	11	WC	1.0	Z
2	WN	0.5	X	12	WN	0.5	X
3	WC	0.3	Z	13	WC	2.0	X
4	WN	0.5	X	14	WN	0.5	X
5	WC	0.6	X	15	WC	2.0	Z
6	WN	0.5	X	16	WN	0.5	X
7	WC	0.6	Z	17	WC	3.0	X
8	WN	0.5	X	18	WN	0.5	X
9	WC	1.0	X	19	WC	3.0	Z
10	WN	0.5	X	20	WN	0.5	X

序号	波形	地震动幅值/（m/s²)	加载方向	序号	波形	地震动幅值/（m/s²)	加载方向
21	WC	4.0	X	28	WN	0.5	X
22	WN	0.5	X	29	WC	6.5	X
23	WC	4.0	Z	30	WN	0.5	X
24	WN	0.5	X	31	WC	6.5	Z
25	WC	5.0	X	32	WN	0.5	X
26	WN	0.5	X	33	WC	8.0	X
27	WC	5.0	Z	34	WN	0.5	X

4.3　边坡动力响应时间域分析

　　地震的幅值、方向等因素对边坡的动力响应规律有重要的影响[11]；同时，高烈度区的频繁地震对边坡内部岩体产生一定的损伤积累[4]，而边坡内部软弱夹层和结构衬砌的劣化损伤也是动荷载作用下诱发滑坡的重要因素[12-13]。因此，通过对边坡内部布设的传感器采集到的数据进行分析，从而阐述高烈度区地质条件下地震、软弱夹层等因素对边坡动力响应特征的影响。图中的标识"A1-Z"代表1号三向传感器采集到的Z向地震波数据。

4.3.1　地震动幅值对边坡动力响应特征的影响

　　为清晰地反映地震动幅值对边坡动力响应特征的影响，提取每一次工况下的监测点的加速度峰值（PGA）进行分析。其中，坡内和坡表部分测点的PGA变化曲线如图4-5所示。可以看出无论是坡体内部还是边坡表面的PGA均随着地震动幅值的增大而增大。

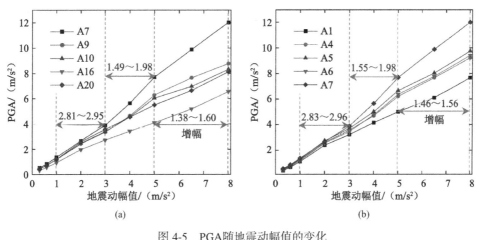

图 4-5　PGA随地震动幅值的变化

（a）坡面；（b）坡内

但在坡表范围内：当地震动幅值为 1～3m/s² 时，加速度放大倍数约为 2.81～2.95；当地震动幅值为 3～5m/s² 时，加速度放大倍数约为 1.49～1.98；当地震动幅值为 5～8m/s² 时，加速度放大倍数约为 1.38～1.6。在坡体内部：当地震动幅值为 1～3m/s² 时，加速度放大倍数约为 2.83～2.96；当地震动幅值为 3～5m/s² 时，加速度放大倍数约为 1.55～1.98；当地震动幅值为 5～8m/s² 时，加速度放大倍数约为 1.46～1.56。因此，在坡表和坡体内部的PGA增幅随着地震强度的增大而减小，呈现一种非线性递增趋势。这种非线性递增现象可以解释为：

（1）随着地震强度的增加，边坡内部逐渐出现损伤裂隙，边坡在动荷载作用下有更强的能量耗散[14]，从而进一步导致动力响应减小，PGA增幅减小；

（2）地震波具有非稳定性，其在时域上的不均匀分布可能会影响边坡内部的动力响应[12]。

4.3.2　边坡地质地形条件对动力响应特征的影响

与均质边坡相对比，地震波在含隧道及软弱夹层的边坡内部具有更复杂的反射和折射作用，易引起边坡内部的不均匀破坏。为明确隧道及软弱夹层的存在对边坡动力响应的影响，绘制出坡表以及坡内的M_{PGA}曲线，见图4-6。其中，M_{PGA}定义为边坡任意一点PGA$_i$与振动台台面PGA$_{table}$之比，如下式所示：

$$M_{PGA} = PGA_i/PGA_{table} \qquad (4-1)$$

式中，PGA$_i$表示边坡上任意点的PGA，PGA$_{table}$表示振动台台面处的峰值加速度。

此外，为方便描述，定义 A20～A21 为区间Ⅰ，A16～A20 为区间Ⅱ，A9～A16 为区间Ⅲ，A7～A9 为区间Ⅳ；A1～A4 为区间Ⅴ，A4～A6 为区间Ⅵ，A6～A7 为区间Ⅶ。

可以看出，加速度在边坡内部及表面存在明显的高程放大效应，但由于隧道结构和软弱夹层的存在也呈现明显的非线性变化趋势。在坡内，区间Ⅴ内M_{PGA}变化较为平缓；区间Ⅵ内由于软弱夹层的存在，图 4-6（a）、（b）均呈现凸起趋势，说明软弱夹层对地震波具有一定的放大作用；区间Ⅶ内M_{PGA}具有一定的增长趋势，这说明边坡的高程放大效应较为明显。

而在坡表，在区间Ⅰ和Ⅲ内M_{PGA}呈现递增趋势，表明地震波在坡表上具有高程以及趋表放大效应；区间Ⅱ内M_{PGA}具有明显的一个衰减现象，其位置位于传感器 A16 处，说明隧道结构对地震波具有显著的削弱作用，即隧道上方和下方存在极不均匀的加速度放大系数分布。在区间Ⅳ内，图 4-6（a）、（b）均呈现M_{PGA}的一个激增，说明地震波在坡顶处存在极大值。

此外，从图 4-6（a）、（b）中的Ⅲ和Ⅵ区间内可以发现，当地震波传递到软硬岩交界处时，会产生复杂的加速度的放大或衰减。例如，在坡内范围，加速度放大系数先骤增后骤减；在坡表范围，从坡表Ⅲ区间内 M_{PGA} 的斜率反映出加速度放大系数先增后减。这些现象的原因可能是：当地震波从硬岩传递到软岩时（A4→A5 或 A16→A15），会发生更多的折射效应，从而导致软弱夹层内部存在更多的能量集中，其反映在加速度放大效应上是 M_{PGA} 的骤增；当地震波从软岩传递到硬岩时（A5→A6 或 A15→A10），会发生更多的反射现象，从而导致硬岩内部地震波能量的耗散，其反映在加速度放大效应上是 M_{PGA} 的衰减。

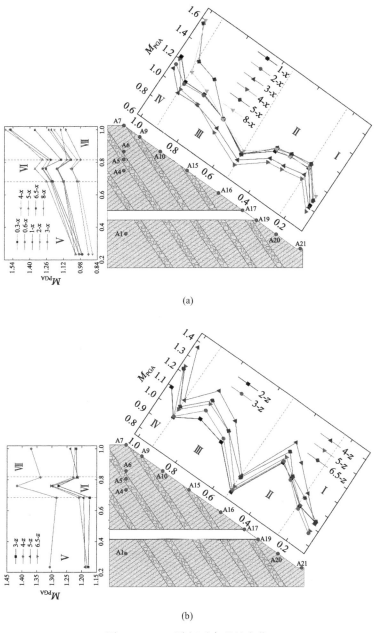

(a)

(b)

图 4-6　M_{PGA} 随相对高程的变化

（a）输入 X 向地震波；（b）输入 Z 向地震波

4.3.3 地震波加载方向对边坡动力响应特征的影响

由图 4-6 可知，隧道和软弱夹层的存在严重影响地震波在边坡内部的传递，而 X 向和 Z 向地震波虽然在边坡内部的整体变化趋势上存在一致性，但也在某些位置存在差异。例如，在坡内 A5 位置处，软弱夹层对 Z 向地震波的放大作用大于 X 向地震波。而在坡表（A9）范围内，X 向地震波存在轻微的波动，而 Z 向地震波存在剧烈的衰减，说明地震波在经过坡面，软弱夹层以及基岩的相互传播后，波场分裂并呈现出复杂的叠加或抵消效应，并且 Z 向地震波在此有着更强烈的动力响应。

为进一步对比分析不同加载方向下边坡的动力响应特征，绘制出 X 向与 Z 向 M_{PGA} 之比随地震强度和相对高程的散点图（图 4-7）。可以看出，X 向与 Z 向的 M_{PGA} 之比在整体上处于 0.65～1.25 之间，存在 75.7% 的数据点位于 0.65～1.0 之间，说明该类陡倾顺层边坡在 Z 向地震作用下有更强烈的动力响应。此外，M_{PGA} 之比较大值主要位于坡顶区域，而较小值主要位于相对高程 0.3～0.7 区间内，这表明坡顶区域受 X 向地震波影响更强烈，坡体的中部区域受 Z 向地震波的影响更为显著。并且需要注意到坡体中部区域是边坡潜在滑体区域，此区域受 Z 向地震波影响显著，可能表明 Z 向地震波对滑体的形成具有一定的控制作用。

上述现象出现的原因可能是：

（1）陡倾软弱夹层对 Z 向地震波具有更强烈的动力放大效应，不同类型地震波在不同角度的软弱夹层下具有不同的折射和反射现象；

（2）地震波在传播到坡面时相互分裂叠加形成复杂的地震波场[15]，且在接近坡顶时，X 向加速度在传播方向上受到的重力约束减少，使加速度响应在坡顶附近显著增大[16]。

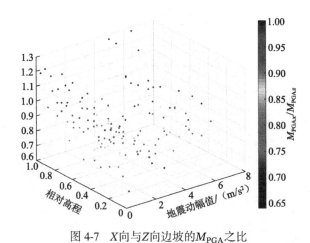

图 4-7　X 向与 Z 向边坡的 M_{PGA} 之比

4.3.4 隧道结构对边坡动力响应特征的影响

由图 4-6（a）可知，当输入 X 向地震时，地震波在隧道下方一定距离处展现出削弱现象，在隧道上方展现出更强烈的衰减；由图 4-6（b）可知，当输入 Z 向地震时，地震波在隧道下方及结构处具有一定的放大现象，而在隧道上方也表现出强烈的衰减。这说明隧道在不同方向地震波作用下具有不同的响应规律，当作用竖直向地震时，隧道拱顶 M_{PGA} 大于拱底，当作用水平向地震时，隧道拱顶 M_{PGA} 小于拱底。

总体而言，衬砌结构可能会反射和吸收一部分地震波的能量，从而对边坡-隧道洞口段的加速度放大效应产生一定的削弱作用。衬砌结构的存在导致洞口上下方存在明显的加速度不均匀放大现象，从而易引发上覆岩土体的滑移崩塌从而掩埋洞口[10,13]。此外，由图 4-6（a）和（b）中的 V 区间可知，M_{PGA} 曲线变化较为平缓，说明衬砌结构对坡内的加速度放大效应影响较小，隧道-边坡体系内洞口段是易损区域。

4.3.5　基于 M_{PGA} 特征曲线的动力损伤识别

由于 M_{PGA} 代表不同位置的加速度响应特征，绘制了如图 4-8 和图 4-9 所示的各测点 M_{PGA} 随地震强度的变化曲线。并通过分析在不同位置处 M_{PGA} 响应的非一致性，探究了不同地震方向对边坡的损伤演化规律。

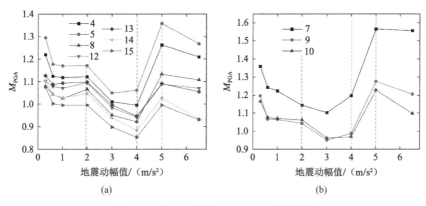

图 4-8　X 向地震波作用下 M_{PGA} 变化趋势
（a）坡面；（b）坡内

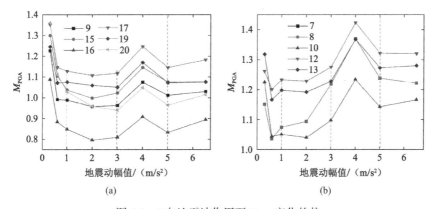

图 4-9　Z 向地震波作用下 M_{PGA} 变化趋势
（a）坡面；（b）坡内

由图 4-8 可知，当输入 X 向时，边坡在 $0 \sim 2 m/s^2$ 的地震动下无明显的变化趋势，说明边坡岩体此时处于弹性阶段，内部无明显裂隙产生；在 $2 \sim 4 m/s^2$ 的地震动下边坡各测点的加速度响应存在差异，尤其是坡顶区域的 A7 测点，说明在此阶段边坡内部开始出现局部损伤，岩体裂隙开始萌生；在 $4 \sim 5 m/s^2$ 的地震动下测点的动力响应趋于一致，但 M_{PGA} 出现明显的激增现象，说明在此阶段边坡进入弹塑性阶段，内部岩体出现裂隙扩展，增加并逐渐贯通，为滑带的形成创造条件；在 $5 \sim 6.5 m/s^2$ 的地震动下各测点的加速度逐渐出现衰减[13,17]，说明在此阶段边坡进入塑性损伤阶段，滑体已形成，边坡开始失稳破坏。

由图 4-9 可知，当输入 Z 向时，边坡在 $0 \sim 1 m/s^2$ 的地震作用下，各测点呈递减趋势，整体上变化规律一致，说明边坡整体属于弹性阶段，无裂隙产生；但在 $1 \sim 3 m/s^2$ 的地震作用下，测点变化趋势逐渐出现非一致性，说明边坡内部开始产生裂隙；在 $3 \sim 4 m/s^2$ 的地震作用下，M_{PGA} 出现增大现象，此时边坡已进入弹塑性阶段，岩石裂隙不断累积增加，其与输入 X 向地震波时的变化趋势较为一致；在 $4 \sim 5 m/s^2$ 的地震作用下各测点响应出现衰减趋势，说明边坡进入塑性损伤阶段；在 $5 \sim 6.5 m/s^2$ 的地震动之后边坡各测点出现不一致响应，说明边坡滑体已出现滑移，对各测点的影响不尽一致。

此外，需要注意的是：地震动方向对边坡的损伤演化过程存在差异，Z 向地震波对边坡模型的影响可能更强烈。综合分析图 4-6 和图 4-9 可知，在地震加载过程中，Z 向地震波可能诱发边坡首先在隧道结构、软弱夹层及其交叉处产生裂隙；并随着地震动次数和幅值的增加，继续诱发裂隙扩展、累积，当地震动达到一定程度时，Z 向地震波产生裂隙、沉降，而 X 向地震波造成边坡滑体的剪切破坏。

为更清晰地展示不同地震方向和 M_{PGA} 的变化特性对边坡动力损伤演化过程的影响，绘制了不同地震强度下边坡 M_{PGA} 的变化云图（图 4-10 和图 4-11）。图 4-10 在一定程度上表现出高程放大和趋表放大效应，在坡顶区域及软弱夹层交界处存在集中放大现象；而图 4-11 在相邻软弱夹层交界或隧道交叉区域表现出明显的区域放大效应，证明不同地震方向对边坡不同区域具有不同的动力响应。

随着地震强度的增大，边坡各测点的 M_{PGA} 逐渐集中在易损伤区域，从先前的均匀逐渐变化为放大与衰减存在明显区分，其与图 4-8 表现的 M_{PGA} 不一致性具有明显的统一规律。在输入 X 向地震波时，在坡顶及第三软弱夹层附近存在明显放大集中，其与其他测点存在不一致性，也是地震损伤严重区域；在输入 Z 向地震波时，在坡内夹层交界和隧道交叉处集中放大效应显著，与图 4-9 推断的测点 A7、A8、A13 等损伤区域存在较好的统一。因此，边坡的失稳破坏过程可以分为三个阶段：弹性阶段、弹塑性阶段、塑性破坏阶段，其中弹塑性阶段可进一步分为裂隙扩展和裂隙累积两个阶段，并且发现通过分析M_{PGA}变化的非一致性能在一定程度上对边坡的损伤区域进行识别。

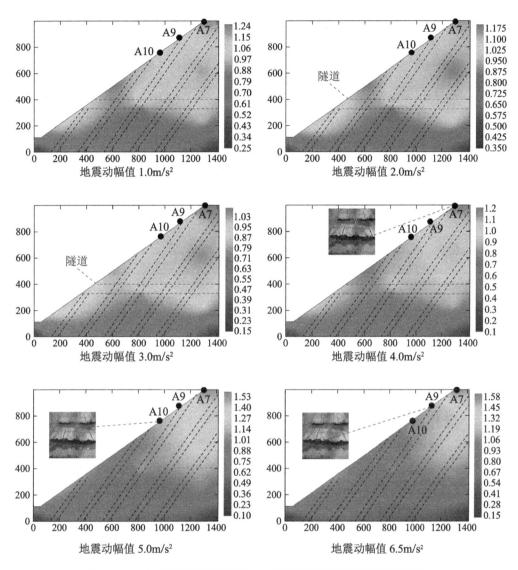

图 4-10　X向地震波作用下边坡M_{PGA}随不同地震动幅值的变化云图

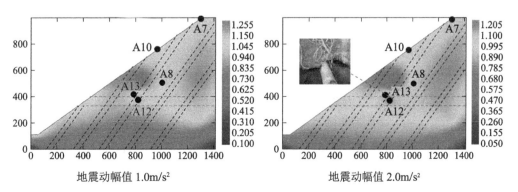

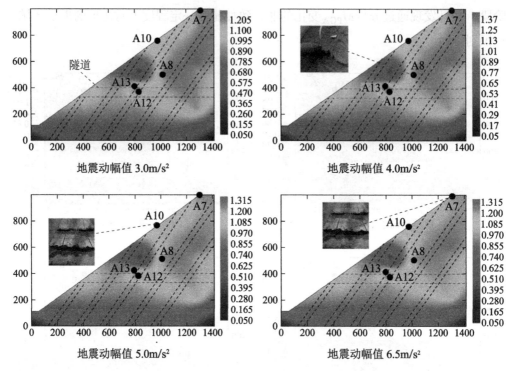

图 4-11　Z 向地震波作用下边坡 M_{PGA} 随不同地震动幅值的变化云图

4.4　边坡动力响应频率域分析

地质条件、地震动幅值和方向等因素对边坡的频率响应和损伤变形具有重要的影响。例如，地震作用下岩体内部产生的损伤裂缝会影响边坡的固有频率[18]。地震动幅值和方向会导致边坡-隧道体系出现复杂的波场转化，从而导致边坡各点具有复杂的频谱特征[19]。因此，为更好地从频率域角度阐述边坡-隧道体系的动力响应规律，试验根据传感器采集到的加速度数据通过 FFT 变换和傅里叶谱峰值（PFSA）探究边坡-隧道体系各个区域的频谱特征。

4.4.1　地震作用下边坡的傅里叶谱演化规律

基于采集的加速度数据通过 FFT 变换分别绘制了 X（图 4-12）和 Z 向（图 4-13）地震作用下边坡部分测点的傅里叶谱。从图 4-12 中可以看出，当加载 X 向地震波时，边坡各测点的卓越频率主要分布在 $0{\sim}15Hz$（f_1）和 $48{\sim}52Hz$（f_2）。随着地震动幅值的增大，f_1 频率段的幅值逐渐增大，f_2 频率段的幅值呈现降低趋势。由图 4-13 可知，当加载 Z 向地震波时，边坡各测点的傅里叶谱成分变得更加复杂，傅里叶谱由 X 向的双峰逐渐转变为 Z 向的多峰。Z 向地震作用下的傅里叶谱卓越频率分为 6 个阶段：$0{\sim}15Hz$（f_1）、$15{\sim}30Hz$（f_2）、$30{\sim}40Hz$（f_3）、$40{\sim}48Hz$（f_4）、$48{\sim}52Hz$（f_5）和 $52{\sim}70Hz$（f_6）。随着地震动幅值的增大，$f_1 \sim f_4$ 频率段的幅值逐渐增大，而 f_5 频率段的幅值呈现降低趋势。

同时，还可以注意到 f_1 频率段的波形与输入 El 波的波形较为相似，说明输入波形对该边坡-隧道体系的 0～15Hz 频率段起到主控作用。48～52Hz 频率段的 PFSA 逐渐降低，这是因为地震作用下，岩质边坡的损伤劣化会降低边坡的强度和刚度，从而影响该频率段的降低。上述现象说明边坡损伤裂隙具有一定的高频滤波作用。此外，还应注意到当加载 X 向地震作用时，相对高程在隧道衬砌以下的测点的 48～52Hz 频率段两侧峰值趋于消失，在隧道以上区域的测点的 48～52Hz 频率段两侧峰值凸起，并随着地震动幅值的增大而逐渐消失。

由上述分析可知，地震动方向和边坡-隧道作用对边坡的频谱分布特征具有显著影响。为更好地阐述不同幅值、不同加载方向下不同卓越频率段对边坡动力响应特征的影响情况，分别取得不同工况下 6 个卓越频率段的谱峰值，并通过克里金插值绘制了边坡的 PFSA 图（图 4-14～图 4-17）。由图 4-14 和图 4-15 可知，随着地震动幅值的增大，不同频率段的 PFSA 逐渐增大，并且作用范围逐渐集中。在 X 向地震作用下，$f_1 \sim f_4$ 频率段的作用范围主要集中在坡表、坡顶和隧道下方区域；$f_5 \sim f_6$ 频率段的作用范围主要集中在隧道上方的坡表区域。上述现象说明 X 向地震波在该陡倾岩质边坡-隧道体系下具有明显的坡表和高程放大效应，并且隧道上下区域具有明显的波场分化[20]。

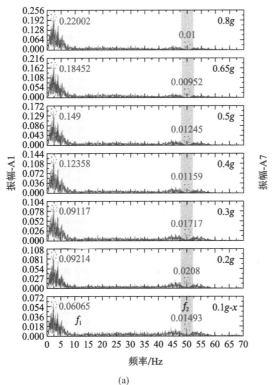

(a)

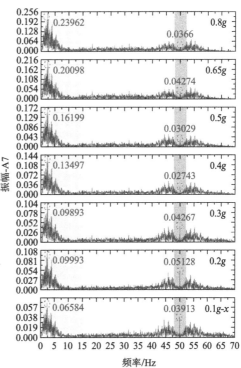

(b)

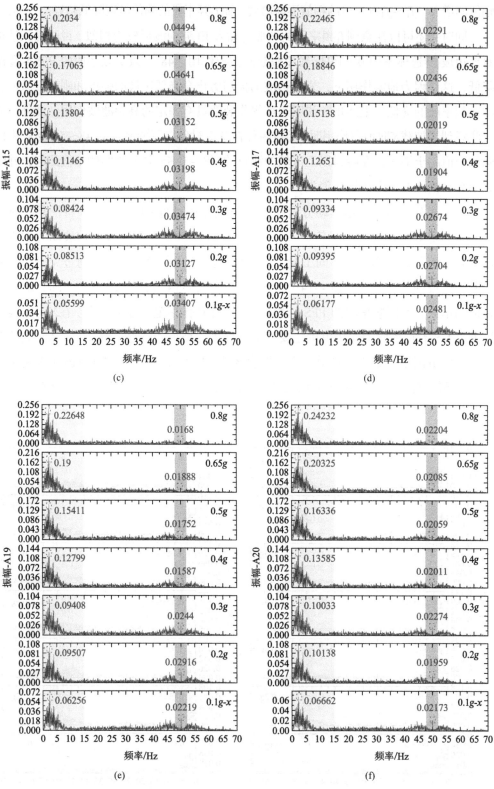

图 4-12　水平地震波作用下不同测点的傅里叶谱变化规律

（a）A1；（b）A7；（c）A15；（d）A17；（e）A19；（f）A20

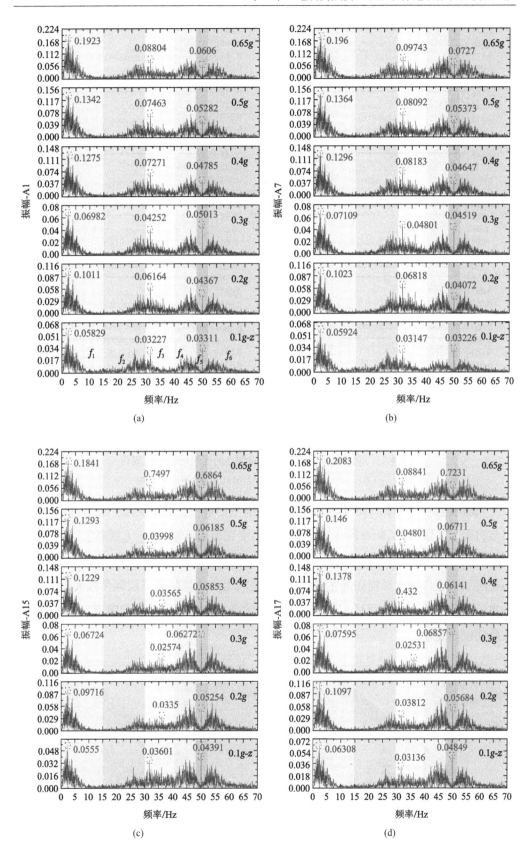

(a)　　　　　　　　　　　　　　　　(b)

(c)　　　　　　　　　　　　　　　　(d)

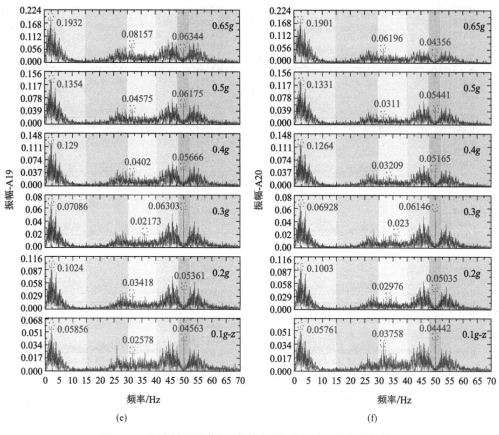

图 4-13　竖直地震波作用下不同测点的傅里叶谱变化规律

（a）A1；（b）A7；（c）A15；（d）A17；（e）A19；（f）A20

当Z向地震作用时，$f_1 \sim f_2$频率段作用范围主要集中在软弱夹层、坡表隧道口和夹层与衬砌交叉区域；f_3频率段作用范围主要集中在坡内区域；$f_4 \sim f_6$频率段作用范围主要集中在隧道口、第二软弱夹层和第三软弱夹层区域。上述现象说明，Z向地震波对软弱夹层和隧道口的变形损伤起主要作用。这是因为该边坡软弱夹层倾角较大，Z向地震波在该倾角下放大效应明显。同时，Z向地震波会在一定程度上引起隧道、边坡及软弱夹层的松动变形。

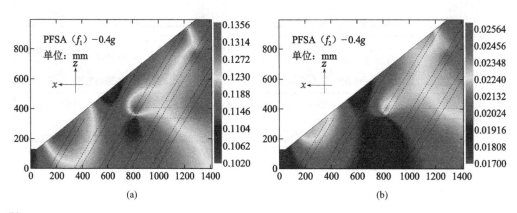

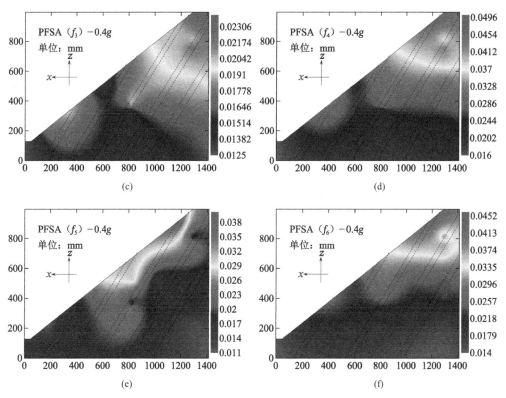

图 4-14　0.4g 水平地震波作用下不同频率段边坡的 PFSA 云图

（a）f_1频率段；（b）f_2频率段；（c）f_3频率段；（d）f_4频率段；（e）f_5频率段；（f）f_6频率段

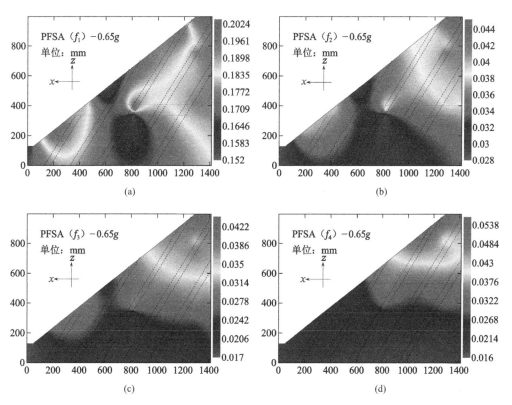

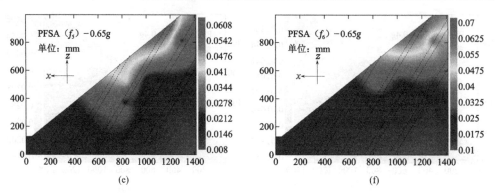

图 4-15　0.65g水平地震波作用下不同频率段边坡的 PFSA 云图

（a）f_1频率段；（b）f_2频率段；（c）f_3频率段；（d）f_4频率段；（e）f_5频率段；（f）f_6频率段

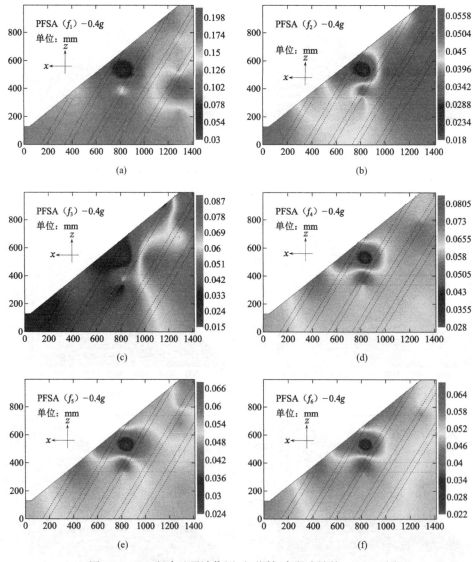

图 4-16　0.4g竖直地震波作用下不同频率段边坡的 PFSA 云图

（a）f_1频率段；（b）f_2频率段；（c）f_3频率段；（d）f_4频率段；（e）f_5频率段；（f）f_6频率段

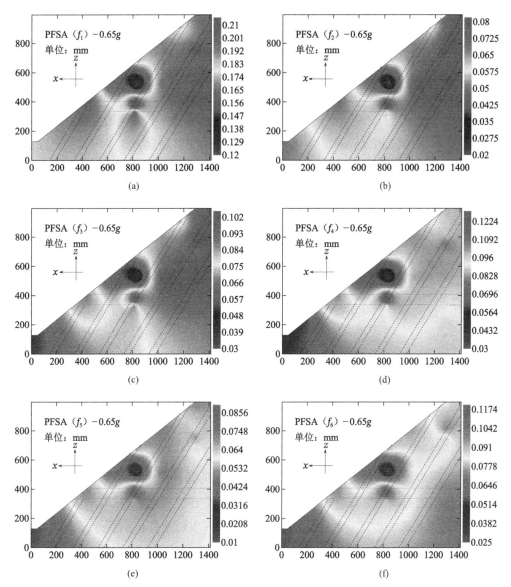

图 4-17　0.65g竖直地震波作用下不同频率段边坡的 PFSA 云图
（a）f_1频率段；（b）f_2频率段；（c）f_3频率段；（d）f_4频率段；（e）f_5频率段；（f）f_6频率段

4.4.2　基于 PFSA 参数的边坡动力响应特征分析

为了进一步研究地震动幅值及加载方向对边坡-隧道体系的动力响应特征的影响，绘制了如图 4-18 所示的 PFSA 变化规律。在X向地震作用下，PFSA 随着幅值的增大而增大；在Z向地震作用下，PFSA 随着幅值的增大而具有波动性变化，但整体呈现递增趋势。同时可以发现，由于隧道和软弱夹层的存在，随着高程的增大，各点的趋表放大效应较弱。

此外，由图 4-18（a）可知，边坡在（0.1～0.2）g地震动作用下 PFSA 的增幅约为 34.2%，在（0.3～0.5）g地震作用下增幅约为 21.6%，在（0.5～0.8）g地震作用下增幅衰减为 17.7%。由图 4-18（b）可知，边坡在（0.1～0.2）g 地震动作用下 PFSA 的增幅约为 74%，在（0.3～0.5）g 地震下增幅约为 43.8%，在（0.5～0.65）g 地震作用下增幅为 42.9%。因此，边坡的 PFSA 随着地震动幅值的增大而减小，并具有明显的非线性递减趋势。产生上述现象的原因是：随着地震强度的增大，边坡内部的裂隙和塑性变形逐渐累积，造成边坡的整体刚度降低，从而导致边坡频率和幅值的衰减。因此，根据不同振幅阶段边坡 PFSA 的衰减程度可将边坡损伤变形划分为 3 个阶段：弹性阶段（0.1～0.2）g、弹塑性阶段（0.3～0.5）g、塑性损伤阶段（0.65～0.8）g。

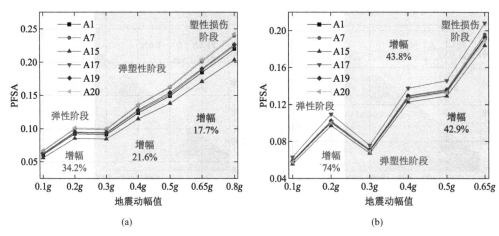

图 4-18　边坡 PFSA 随地震动幅值的变化
（a）水平地震波作用；（b）竖直地震波作用

　　地震波在边坡内部的传递会因隧道和软弱夹层的存在而受到严重影响，可能会导致边坡内部的地震响应变得更加复杂和不稳定。由上述分析可知，X 与 Z 向地震波对边坡的作用范围和影响程度存在一定的差异。为进一步对比分析不同地震方向下边坡 PFSA 的变化特征，根据不同加载方向下 1 阶卓越频率幅值之比绘制了变化云图（图 4-19）。其中，$x_{\mathrm{PFSA}(f_1)}/z_{\mathrm{PFSA}(f_1)}$ 为水平和竖直方向的 1 阶卓越频率之比计算方法。该公式可以定量评估不同方向地震波对边坡区域的影响程度，比值越大影响程度越高。

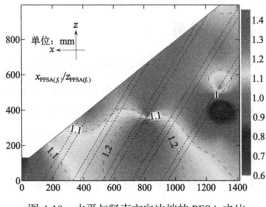

图 4-19　水平与竖直方向边坡的 PFSA 之比

由图 4-19 可知，水平地震波主要影响隧道下方区域和坡顶区域，竖直地震波主要影响隧道上方的各个软弱夹层附近区域。结合图 4-16 和图 4-17 各点的 PFSA 情况发现，该隧道边坡体系首先由 Z 向地震波诱发隧道衬砌、软弱夹层和交叉处产生损伤变形；并随着持续地震作用，变形裂隙逐渐累积贯通。Z 向地震波主要影响软弱夹层和隧道的沉降变形和裂隙扩展，X向地震波造成隧道上方滑体和坡顶区域的破坏变形。

4.5　边坡动力响应时频域分析

在试验过程中，在模型正前方和侧面安置照相机对边坡在动荷载作用下的破坏过程进行记录，不同荷载下破坏状态如图 4-20 所示。在多次微震作用下边坡模型在坡顶区域和隧道周围的石膏层存在轻微裂缝，其他区域未出现明显裂隙，说明微震作用下能在一定程度上反映高烈度区的边坡地质情况。当地震动幅值小于 $3m/s^2$ 时，在坡表处裸露的两条软弱夹层出现局部的散体剥离，而衬砌结构两侧出现轻微裂隙。在地震动幅值处于 $4\sim5m/s^2$ 之间时，边坡在软弱夹层和隧道位置出现明显的张拉裂缝，同时，散体颗粒逐渐从夹层处滑落，但尚未形成明显的边坡滑移。当输入地震动幅值大于 $6.5m/s^2$ 时，坡肩处和坡腰处软弱夹层的张拉裂隙进一步扩大并逐渐贯通，隧道位置处出现贯通的张拉裂隙；同时，坡腰和隧道间出现剪切破坏，滑体在地震作用下与模型箱分离并向外剪出滑移。此外，由于夹层倾角大于边坡坡角，上覆岩体在滑移过程中会对坡脚基岩产生一系列的挤压作用，因此隧道下方（或坡脚区域）出现一定的溃屈破坏。

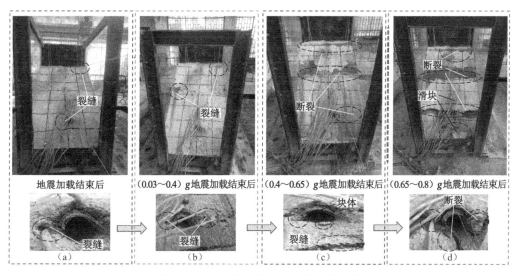

图 4-20　边坡模型的动力损伤演化过程

根据试验中观察到的破坏现象，结合 M_{PGA} 分析结果，可以得到陡倾顺层边坡模型的动态破坏过程，如图 4-21 所示。坡顶和坡腰软弱夹层区域易产生破坏，散落颗粒发育；隧道区域沿坡表易形成贯通裂隙；当地震动幅值达到一定程度时，夹层开始产生剪切破坏，滑体开始形成，边坡进入塑性失稳破坏状态。

由试验分析和破坏现象（图 4-20、图 4-21）可以发现：软弱夹层和衬砌结构的存在对地震波的传递产生了较大的反射和折射[12]，导致地震波在模型内部的动力响应是分散和不一致的，从而引起夹层、隧道等易损区域的失稳破坏。因此，在实际工程中，应注意夹层与隧道结构，尤其是交叉处的抗震防护的建设。

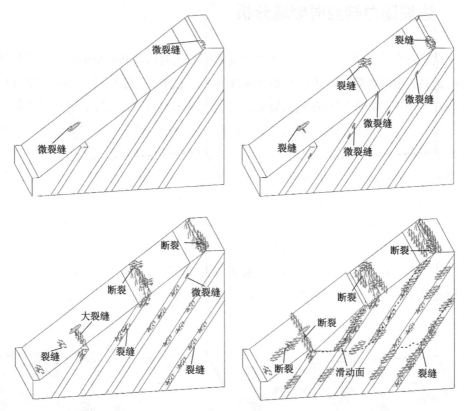

图 4-21　地震作用下高陡顺层边坡的动力损伤概化模型

参 考 文 献

[1]　Cui P, Ge Y G, Li S J, et al. Scientific challenges in disaster risk reduction for the Sichuan-Tibet Railway [J]. Engineering Geology, 2022, 309(1): 106837.

[2]　Zhang D, Sun Z, Fang Q. Scientific problems and research proposals for Sichuan-Tibet railway tunnel construction [J]. Underground Space, 2022, 7(3): 419-439.

[3]　Song D, Che A, Zhu R, et al. Dynamic response characteristics of a rock slope with discontinuous joints under the combined action of earthquakes and rapid water drawdown [J]. Landslides, 2017, 15(6): 1109-1125.

[4]　Liu X R, Liu Y Q, He C M, et al. Dynamic stability analysis of the bedding rock slope considering the vibration deterioration effect of the structural plane [J]. Bulletin of Engineering Geology and the Environment, 2018, 77(1): 87-103.

[5]　Yamagishi H. Recent landslides in western Hokkaido, Japan [J]. Pure Appl Geophys, 2000, 157(6-8): 1115-1134.

[6] Wang W L, Wang T T, Su J J, et al. Assessment of damage in mountain tunnels due to the Taiwan Chi-Chi Earthquake [J]. Tunnelling and Underground Space Technology, 2001, 16(3): 133-150.

[7] Jiang Y, Wang C, Zhao X. Damage assessment of tunnels caused by the 2004 Mid Niigata Prefecture Earthquake using Hayashi's quantification theory type Ⅱ [J]. Natural Hazards, 2010, 53(3): 425-441.

[8] Wang Z, Gao B, Jiang Y, et al. Investigation and assessment on mountain tunnels and geotechnical damage after the Wenchuan earthquake [J]. Science in China Series E-Technological Sciences, 2009, 52(2): 546-558.

[9] Aydan O. Crustal stress changes and characteristics of damage to geo-engineering structures induced by the Great East Japan Earthquake of 2011 [J]. Bulletin of Engineering Geology and the Environment, 2015, 74(3): 1057-1070.

[10] Zhang X P, Jiang Y J, Hirakawa Y, et al. Correlation Between Seismic Damages of Tawarayama Tunnel and Ground Deformation Under the 2016 Kumamoto Earthquake [J]. Rock Mechanics and Rock Engineering, 2019, 52(7): 2401-2413.

[11] Cao L C, Zhang J J, Wang Z J, et al. Dynamic response and dynamic failure mode of the slope subjected to earthquake and rainfall [J]. Landslides, 2019, 16(8): 1467-1482.

[12] Fan G, Zhang J J, Wu J B, et al. Dynamic response and dynamic failure mode of a weak intercalated rock slope using a shaking table [J]. Rock Mechanics and Rock Engineering, 2016, 49(8): 3243-3256.

[13] Song D, Che A, Chen Z, et al. Seismic stability of a rock slope with discontinuities under rapid water drawdown and earthquakes in large-scale shaking table tests [J]. Engineering Geology, 2018, 245: 153-168.

[14] Massey C, Della Pasqua F, Holden C, et al. Rock slope response to strong earthquake shaking [J]. Landslides, 2016, 14(1): 249-268.

[15] Lei H, Wu H G, Qian J G. Seismic failure mechanism and interaction of the cross tunnel-slope system using Hilbert-Huang transform [J]. Tunnelling and Underground Space Technology, 2023, 131(1): 1-16.

[16] Lei H, Qian J, Wu H. Dynamic response and failure mode of the twin tunnel-landslide using shaking table tests [J]. Acta Geotechnica, 2023, 18(8): 4329-4351.

[17] Dong J Y, Wang C, Huang Z Q, et al. Shaking table model test to determine dynamic response characteristics and failure modes of steep bedding rock slope [J]. Rock Mechanics and Rock Engineering, 2022, 55(6): 3645-3658.

[18] Liu X R, Wang Y, Xu B, et al. Dynamic damage evolution of bank slopes with serrated structural planes considering the deteriorated rock mass and frequent reservoir-induced earthquakes [J]. International Journal of Mining Science and Technology, 2023, 33(9): 1131-1145.

[19] Li L, Ju N, Zhang S, et al. Seismic wave propagation characteristic and its effects on the failure of steep jointed anti-dip rock slope [J]. Landslides, 2018, 16(1): 105-123.

[20] Shi W P, Zhang J W, Song D Q, et al. Numerical investigation of the seismic dynamic response characteristics of high-steep layered granite slopes via time-frequency analysis [J]. Environmental Earth Sciences, 2023, 82(6): 1-25.

第 5 章

地震与库水耦合作用下岩体边坡振动台模型试验

岩体地质构造复杂，地震及库水位波动是影响岸坡稳定性的主要因素。本章以某岸坡为例，进行大型振动台试验，拟解决以下问题：

（1）研究边坡的地震响应及其变形演化规律；

（2）研究地震及库水骤降联合作用下边坡的动力响应规律，探讨库水骤降对边坡动力响应的影响；

（3）基于时间域、频率域及时频域联合研究地形及地质条件对边坡动力响应的影响；

（4）研究地震及库水作用下边坡的动力破坏机制及破坏模式。

5.1 相似比及相似材料

岸坡地形上缓下陡，地形坡度为 25°～35°，锚碇附近坡度约为 33°。岸坡地形地貌如图 5-1 所示。岸坡陡缓相间，靠近江边的坡度较陡，坡向约 69°，倾向约 339°，坡角 60°～85°，自然坡度平均约 40°，岩体以强、弱风化为主。坡体表面中部为近水平向的平台。岸坡内节理裂隙十分发育，岸坡内岩体卸荷作用较为强烈，发育有多处不良地质体，主要为Ⅳ、Ⅴ级结构面，其优势结构面主要发育有两组，即 J1：335°～

图 5-1　岸坡地形地貌

355°/36°～82°，节理外倾；J2：95°～143°/25°～85°，起截断节理 J1 的作用。片里面及节理 J2 两组结构面走向与边坡走向的夹角多大于 45°，节理 J1 与坡面小角度相交；节理结构面连通性较好，但中缓倾角结构面不发育。J1 和 J2 均为节理面，两组结构面贯通性较好，但不具备形成大块整体滑动的可能，如图 5-2 所示。

图 5-2　结构面剥落坍塌

岸坡表面覆盖层薄，主要为坡崩积角砾土和块碎石土等，地质剖面见图 5-3。岸坡具有三条顺向软弱结构面及多条反倾软弱结构面，顺向结构面反倾结构面的倾角分别为约 15°及 165°。顺向结构面之间的间距约为 30m，反倾结构面之间的间距约为 35m。岸坡的岩性主要由中风化片理化玄武岩、中风化砂质板岩及断层破碎带组成，坡体表面为强风化砂质板岩。准确获取岩体的物理力学参数，是进行库岸边坡稳定性分析的基础。岸坡的物理力学参数通过大量的现场及室内试验得到[1]。室内外试验数据分析表明，岸坡的岩体中的各向异性差异较大，根据室内试验及现场勘查，确定岩土体的物理力学参数，如表 5-1 所示。

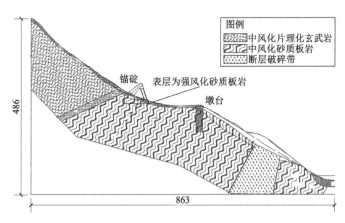

图 5-3　岸坡地质剖面（单位：m）

参数建议值[2]　　　　　　　　　　　　　　　　　　表 5-1

物理力学参数	重度γ/（kN/m³）	泊松比μ	弹性模量E/GPa	内摩擦角φ/°	黏聚力c/MPa
中风化砂质板岩	28.5	0.30	10.0	49.0	2.30
破碎带	28.5	0.35	2.1	36.1	1.92
结构面/软弱夹层	24.0	0.40	0.6	18.1	1.20

将边坡简化为三条顺层结构面及多条反倾结构面，其岩性为中风化板岩，概化模型如图 5-4 所示。

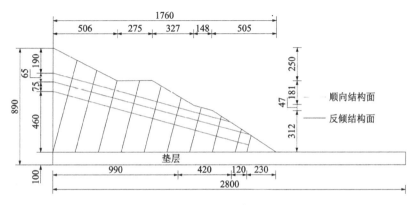

图 5-4　模型边坡剖面

本实验选取质量密度、加速度及几何尺寸作为基本控制量，结合模型箱及原型边坡的尺寸，定义 $C_L = 400$，$C_\rho = 1$，$C_a = 1$，相似比计算结果如表 5-2 所示。滑坡运动取决于岩体抗剪能力，其抗剪能力主要由摩擦系数决定[3]。因此，确保模型材料与原型边坡相似十分重要。综合考虑多种因素，参考以往模型试验中相似材料选材，选取石膏、钢渣、重晶石、砂、水作为模型岩体制作材料。通过进行一系列的三轴剪切试验、直剪试验及单轴抗压试验，选定模型材料为重晶石、钢渣、砂、石膏、水，级配分别为 $5:4:1.3:2.1:1.86$。合理模拟结构面直接影响试验结果可靠性，综合直剪试验结果及材料特性等因素，选取灰纸板模拟软弱结构面。

模型相似比计算结果　　　　　　　　　　　　表 5-2

序号	物理量	量纲分析	无量纲 π 项	相似比
1	密度 ρ	$[M][L]^{-3}$	控制量	$C_\rho = 1$
2	几何尺度 L	$[L]$	控制量	$C_L = 400$
3	弹性模量 E	$[M][L]^{-1}[T]^{-2}$	$\pi_E = E/(\rho La)$	$C_E = C_\rho C_L C_a = 400$
4	泊松比 μ	—	1	$C_\mu = 1$
5	黏聚力 c	$[M][L]^{-1}[T]^{-2}$	$\pi_c = c/(\rho La)$	$C_c = C_\rho C_a C_L = 400$
6	内摩擦角 φ	—	1	$C_\varphi = 1$
7	应力 σ	$[M][L]^{-1}[T]^{-2}$	$\pi_\sigma = \sigma/(\rho La)$	$C_\sigma = C_\rho C_a C_L = 400$
8	应变 ε	—	1	$C_\varepsilon = 1$
9	时间 t	$[T]$	$\pi_t = t/(L^{1/2}a^{-1/2})$	$C_t = C_L^{1/2}C_a^{-1/2} = 20$
10	频率 ω	$[T]^{-1}$	$\pi_\omega = \omega/(L^{-1/2}a^{1/2})$	$C_\omega = C_L^{-1/2}C_a^{1/2} = 0.05$
11	位移 s	$[L]$	$\pi_s = s/L$	$C_s = C_L = 400$
12	速度 v	$[L][T]^{-1}$	$\pi_v = v/(L^{1/2}a^{1/2})$	$C_v = C_L^{1/2}C_a^{1/2} = 20$
13	加速度 a	—	控制量	$C_a = 1$
14	重力加速度 g	$[L][T]^{-2}$	$\pi_g = g/a$	$C_g = C_a = 1$
15	阻尼比 λ	—	1	$C_\lambda = 1$

5.2　加载方案设计

原型边坡地基为半无限地基，在模型箱设计时应尽量减少边界影响。试验中采用刚性模型箱，箱内尺寸为 2.8m × 1.4m × 1.4m，如图 5-5（a）所示。为避免试验中库水溅出模型箱对振动台机电设备产生不利影响，应采取四道防水措施对模型箱进行处理，模型箱设计如图 5-5（b）所示。试验过程中水波动将在箱内产生强反射波，导致波传播与实际无穷远场具有很大差异，因此需要考虑消波装置的设置。参照以往海洋工程研究[4-7]，多孔结构通常被用于制作消波装置，以消除水波的不利影响。本试验在模型箱末端安装消波装置，如图 5-5（c）、（d）所示。其中，消波装置由多孔海绵填料和多孔铁网组成。在试验中还设置高、低水位工况来模拟库水位骤降对边坡动力响应的影响。由于在试验中水难以快速从模型箱释放，需采用将水从模型箱内快速抽出的方式模拟库水位骤降，具体做法是：当振动台停止振动时，立即开始抽水，直到水位达到设计低水位，然后立即开始振动试验，时间间隔控制在 1min 之内。

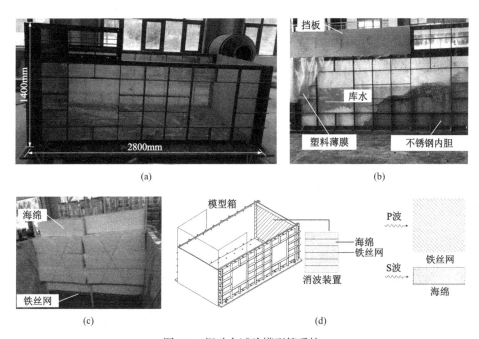

图 5-5　振动台试验模型箱系统
（a）模型箱整体；（b）模型箱设计；（c）消波装置；（d）模型箱系统示意

振动台尺寸为 4m × 6m，由 28 台电机进行伺服驱动，水平向及垂直向分别为 12 台 37kW 水冷式伺服电机驱动及 16 台 22kW 的 AC 伺服电机驱动。为研究边坡动力响应规律，将加速度传感器布设在坡体中间纵剖面上，如图 5-6（a）所示。在坡面不同高程及坡内外共布设 20 个传感器，这些传感器的布设位置主要基于以下考虑：

（1）为研究坡内加速度动力响应规律，将 A2、A5、A9、A13、A18、A20 布设在坡体内部，且随着高程的增加布设传感器；

（2）为研究坡表加速度动力响应特征，将 A6、A7、A10、A16、A19、A20 布设在坡体表面，且随着高程的增加而布设传感器；

（3）布设 A11、A14、A15、A17 为研究结构面附近加速度响应特征；

（4）布设 A5、A8、A7 为研究同一高程条件下加速度响应特征。

基于上述考虑确定传感器布设方案后，振动台试验测量系统如图 5-6（b）所示。采用预制块堆叠 4 层进行模型砌筑，为消除边界效应的不利影响，在模型底部设置 10cm 厚垫层（图 5-6a），采用与模型相同的材料进行铺设。

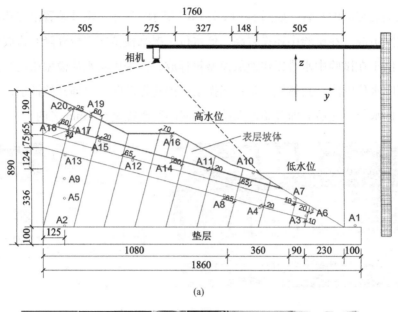

(a)

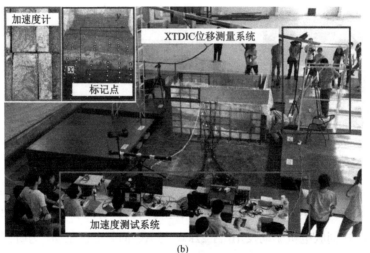

(b)

图 5-6　监测点布设方案及试验系统
（a）加速度计；（b）测量系统

　　本试验通过输入水平和垂直向的加速度时程模拟地震动。为研究近、远场地震波对边坡动力响应的影响，选取区域内 AS 波及汶川地震波进行试验。近场地震波（AS波）主要是按照当地以往地震历史进行合成，远场波（WE 波）主要选取 2008 年汶川地震甘肃武都台记录的东西向地震记录波。AS 波的加速度时程及傅里叶谱如图 5-7 所示。WE 波的输入持时为 120s，卓越频率为 7.74Hz，WE 波的加速度时程及频谱如图 5-8所示。在模型发生滑动破坏前，应尽可能地加载多种工况，以获得足够多的加速度数据用以研究边坡的动力响应规律。此外，库水骤降对边坡动力响应规律的影响也是重点研究内容，需要设置不同的库水位进行模拟。根据试验研究内容，按照不同输入地震强度、幅值、方向及库水位，将试验分为 32 个加载工况，如表 5-3 所示。

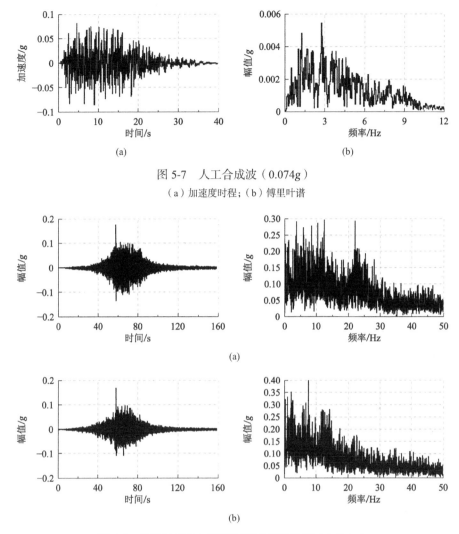

图 5-7　人工合成波（0.074g）

（a）加速度时程；（b）傅里叶谱

图 5-8　汶川地震波加速度时程及傅里叶谱（0.084g）

（a）垂直方向；（b）水平方向

振动台试验的输入波加载工况序列　　　　　表 5-3

工况序号	加载波形	激振方向	加速度峰值/g	库水位设置
1	AS 波	Z	0.074	高水位
2	WE 波	Z	0.084	
3	AS 波	Z	0.148	
4	WE 波	Z	0.168	
5	AS 波	X	0.074	
6	WE 波	X	0.084	
7	AS 波	X	0.148	
8	WE 波	X	0.168	
9	AS 波	Z	0.074	低水位

续表

工况序号	加载波形	激振方向	加速度峰值/g	库水位设置
10	WE 波	Z	0.084	低水位
11	AS 波	Z	0.148	
12	WE 波	Z	0.168	
13	AS 波	X	0.074	
14	WE 波	X	0.084	
15	AS 波	X	0.148	
16	WE 波	X	0.168	
17	AS 波	Z	0.297	高水位
18	WE 波	Z	0.336	
19	AS 波	X	0.297	
20	WE 波	X	0.336	
21	AS 波	Z	0.297	低水位
22	WE 波	Z	0.336	
23	AS 波	X	0.297	
24	WE 波	X	0.336	
25	AS 波	Z	0.446	高水位
26	WE 波	Z	0.504	
27	AS 波	X	0.446	
28	WE 波	X	0.504	
29	AS 波	Z	0.446	低水位
30	WE 波	Z	0.504	
31	AS 波	X	0.446	
32	WE 波	X	0.504	

5.3 边坡动力响应时间域分析

5.3.1 边坡加速度响应特征

1. 高程放大效应

以高水位条件下输入水平向 AS 波为例，边坡的PGA随高程变化规律如图 5-9 所示。由图 5-9（a）可知，坡内PGA随高程增加而逐渐增加，地震作用（Acc.$_{max}$）为 0.074g 和 0.148g时，PGA基本上为线性增加趋势，但是其增加速率及幅度较小；当 Acc.$_{max}$ = 0.297g时，PGA出现非线性增加，其增加速率及地震动幅值变大；当 Acc.$_{max}$ = 0.446g

时，PGA的增加速率及幅值出现一定程度的增加。由图5-9（b）可知，坡表PGA表现为逐渐增加趋势，当 $Acc._{max} < 0.148g$ 时，PGA的增加幅度较小，当 $Acc._{max} = 0.148g$ 时PGA的增加幅度有所提高，当 $Acc._{max} = 0.446g$ 时，PGA的增加幅度及速率最大。由此可知，坡内及坡表PGA随高程增加而增加，当 $Acc._{max} < 0.148g$ 时，PGA的增加趋势不明显，当 $Acc._{max} = 0.297g$ 时，PGA出现明显的增加趋势，尤其是 $Acc._{max} = 0.446g$ 时增加速率最大。由此可知，边坡的动力响应特征具有典型的高程放大效应，当 $Acc._{max} < 0.148g$ 时，边坡的高程放大效应较弱；当 $Acc._{max} > 0.297g$ 时，边坡的高程放大效应较强，并且随着 $Acc._{max}$ 增加，高程放大效应逐渐增强。

采用 M_{PGA} 进一步分析边坡的高程放大效应，其变化规律如图5-10所示。由图5-10（a）可知，坡内 M_{PGA} 随着 $Acc._{max}$ 的增加表现为逐渐增加趋势，其中 $Acc._{max} < 0.297g$ 时 M_{PGA} 的增加速率较缓，当 $Acc._{max} = 0.446g$ 时 M_{PGA} 的增加速率较快。由图5-10（b）可知，坡表 M_{PGA} 随高程增加而逐渐增加，在 $Acc._{max}$ 为 0.074g 和 0.148g 时 M_{PGA} 的增加速率较小，当 $Acc._{max} = 0.297g$ 时 M_{PGA} 的增加速率有所增加，当 $Acc._{max} = 0.446g$ 时 M_{PGA} 的增加速率最大。由此可知，坡内及坡表的 M_{PGA} 均随高程增加而增加，并且随着 $Acc._{max}$ 的增加高程放大效应也逐渐增强。与PGA的分析结果对比可知，利用 M_{PGA} 分析边坡放大效应的物理意义更加明确，同时在 $Acc._{max}$ 较小时边坡的高程放大效应更加明显，这为利用 M_{PGA} 分析边坡高程效应提供有效依据。

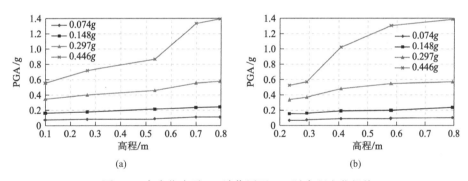

图 5-9　高水位水平 AS 波作用下PGA随高程变化规律

（a）坡内；（b）坡表

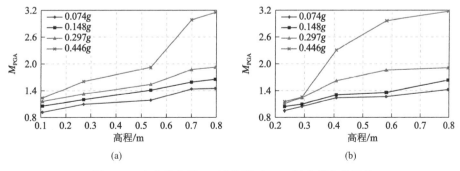

图 5-10　高水位水平 AS 波作用下 M_{PGA} 随高程变化规律

（a）坡内；（b）坡表

2. 坡表放大效应

为分析地震作用下含不连续面岩质边坡的坡表放大效应，以高水位输入 AS 波为例，相同高程条件下坡表与坡内的 M_{PGA} 比值如图 5-11 和图 5-12 所示，主要包括 4 个不同高程的比值（A6、A7、A10 和 A16）。由图 5-11 可知，无论在垂直及水平地震作用下，同一高程坡表与坡内 M_{PGA} 的比值整体上大于 1.0，水平和垂直地震作用下 M_{PGA} 比值主要在 1.15～1.4 范围内，这说明坡表 M_{PGA} 明显大于坡内 M_{PGA}，地震作用下坡表具有明显放大效应。由此可知，边坡地震动力响应具有典型坡表放大效应。地震波在坡内传播过程中，不同传播介质对地震波的反射或折射使波出现吸收或叠加效应，传播介质的不同也会引起坡内动力响应出现放大或削弱效应。但是，当地震波到达坡表时，坡表作为自由面将使波传播出现快速放大效应，这也是坡表出现放大效应的主要原因。例如，在 2008 年汶川地震和 2013 年芦山地震中，坡表放大效应得到验证，通过野外调查发现，在大量具有软弱夹层的岩质边坡的坡表附近的破坏程度远大于坡内[8]。

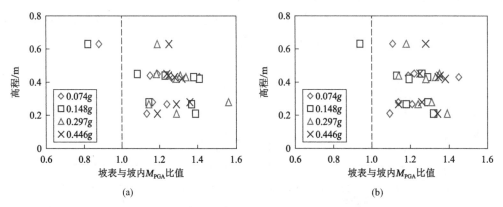

图 5-11　高水位条件下坡表与坡内 M_{PGA} 比值
（a）垂直地震作用；（b）水平地震作用

3. 结构面放大效应

为分析结构面对岩质边坡动力响应规律的影响，以低水位输入 AS 波为例，坡内及坡表的 PGA 及 M_{PGA} 变化规律如图 5-12 所示。由图 5-12（a）、（c）可知，在水平及垂直地震作用下，坡内顺向结构面以下区域 PGA 及 M_{PGA} 随高程增加表现为线性增加趋势，尤其是顺向结构面以上坡体 PGA 及 M_{PGA} 出现突增现象。例如，在图 5-12（c）中，当 Acc._{max} 为 0.074g、0.148g、0.297g 和 0.446g 时，监测点 A13 的 M_{PGA} 分别约为 2.2、1.9、1.7 及 1.3，监测点 A18 的 M_{PGA} 分别约为 3.35、2.98、2.35 及 1.72。对比分析可知，顺向结构面上下 A13 和 A18 的 M_{PGA} 出现较大变化，这表明地震波通过结构面后出现快速放大效应。图 5-12（b）、（d）表明，在坡表顺向结构面以下区域，PGA 及

M_{PGA}沿坡面随高程增加表现为缓慢增加，而在结构面以上区域，PGA 及M_{PGA}出现突增现象，这说明在坡表结构面对边坡加速度响应具有放大效应。

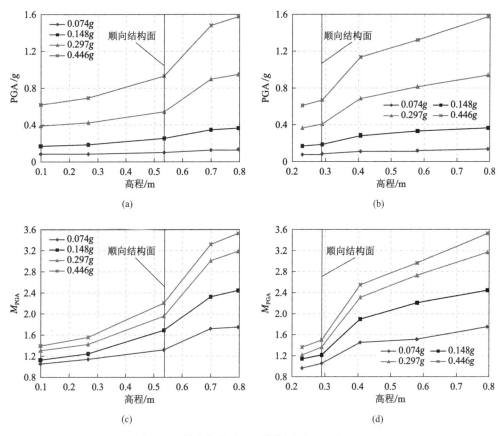

图 5-12　低水位水平 AS 波作用下 PGA 及M_{PGA}
（a）坡内 PGA；（b）坡表 PGA；（c）坡内M_{PGA}；（d）坡表M_{PGA}

5.3.2　地震动参数的影响

1. 激震方向效应

为分析激震方向对岩质边坡动力响应规律的影响，以输入垂直及水平向 WE 波为例，边坡的M_{PGA}如图 5-13 和图 5-14 所示。由图 5-13（a）和图 5-14（a）可知，垂直地震作用下坡内的M_{PGA}小于水平地震作用下的M_{PGA}。例如，高水位条件下 Acc.$_{\text{max}}$为 0.084g 时，垂直地震作用下坡内监测点 A5、A13 和 A18 的M_{PGA}分别为 0.89、1.07 和 1.52，水平地震作用条件下的M_{PGA}分别为 1.05、1.29 和 2.11。通过分析可知，水平地震作用下坡内的M_{PGA}约为垂直地震作用下的 1.15~1.2 倍。由图 5-13（b）和图 5-14（b）可知，水平地震作用坡表的M_{PGA}大于垂直地震作用的M_{PGA}。例如，高水位条件下监测点 A10 和 A16，Acc.$_{\text{max}}$为 0.084g 时，水平地震作用下坡表M_{PGA}分别为 1.63 和 1.89，垂直地震作用下坡表M_{PGA}分别为 1.27 和 1.42。通过分析可知，水平地震作用下坡表M_{PGA}是垂直地震作用下的 1.3 倍左右。

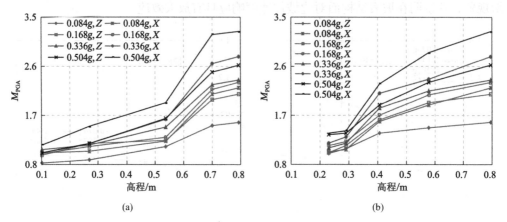

图 5-13　高水位 WE 波作用下M_{PGA}变化规律

（a）坡内；（b）坡表

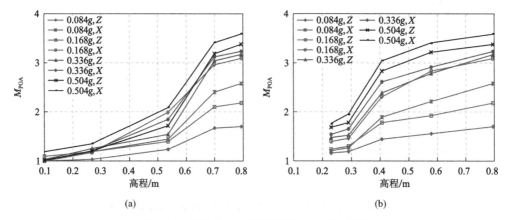

图 5-14　低水位 WE 波作用下M_{PGA}变化规律

（a）坡内；（b）坡表

2. 激震强度效应

由图 5-15（a）和图 5-16（a）可知，水平和垂直地震作用下坡内M_{PGA}随激震强度的增加而增加，坡内监测点 A2、A5 和 A13 的M_{PGA}基本上表现为线性增加趋势，其中，A2 和 A5 点在边坡下部，其M_{PGA}随激震强度的增加率较小，A13 在边坡高程中部，其增加率出现一定程度增加，而 A18 和 A20 两点位于表层坡体区域，随激震强度的增加其M_{PGA}增加速率最大。这说明在坡内随高程增加，激震强度对M_{PGA}的影响逐渐变大，尤其是在坡顶区域的影响最大。由图 5-15（b）和图 5-16（b）可知，坡表M_{PGA}随激震强度增加的变化规律与坡内相似，M_{PGA}随激震强度增加而增加。其中，A6 和 A7 位于最上层顺向结构面以下区域，其M_{PGA}随激震强度的增加基本上表现为线性增加趋势，增加速率比其他监测点小很多。在表层坡体，随着激震强度增加，监测点 A10、A16 和 A20 的M_{PGA}随着激震强度的增大而增大，并且其M_{PGA}的增加速率较大，这说明激震强度与放大系数之间呈正相关。通过结合坡内和坡表 M_{PGA} 的变化规律可知，激震强度对表层坡体的放大效应影响较大，对坡内及表层坡体以下的坡表区域影响较小，并且随高程的增加激震强度对放大效应的影响也逐渐增强。例如，当激震强度分别为 0.074g、0.148g、0.27g 和 0.446g 时，低水位垂直地震作用下 A20 的 M_{PGA} 分别约为 1.56、1.95、2.33 和 2.39。

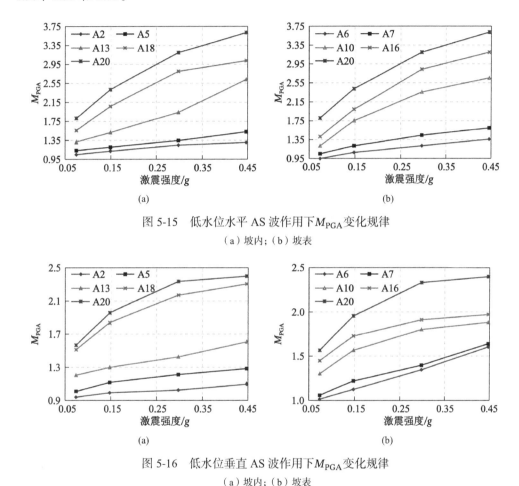

图 5-15　低水位水平 AS 波作用下 M_{PGA} 变化规律
（a）坡内；（b）坡表

图 5-16　低水位垂直 AS 波作用下 M_{PGA} 变化规律
（a）坡内；（b）坡表

5.3.3　地震与库水骤降作用下变形演化过程分析

为进一步分析库水骤降作用下边坡动力破坏演化过程，以输入水平 WE 波为例，不同激震强度条件下 ΔM_{PGA} 的分布及其变化规律如图 5-17 所示。坡表 A6 和 A7 的 ΔM_{PGA} 较小，由于它们位于低水位以下，而库水骤降对低水位以下区域影响较小。随着高程增加，ΔM_{PGA} 在 A7～A10 区域内出现突增现象，表明库水骤降对低水位以上区域影响较大。由 A10～A16 随着高程增加，ΔM_{PGA} 进一步增大，并且在 A16 处达峰值，而在 A16 以上区域开始减小。在坡内 A18 和 A20 处的 ΔM_{PGA} 较大，即库水骤降对高低水位之间的表层坡体放大效应影响较大。

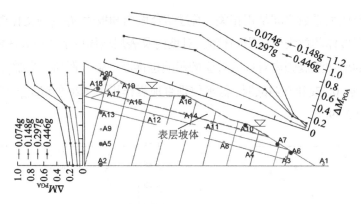

图 5-17　输入水平 WE 波 ΔM_{PGA} 变化规律

以水平及垂直地震作用下点 A16 和 A20 作为研究对象，库水骤降前后的 M_{PGA} 随激震强度增加的演化过程如图 5-18 所示。库水骤降后的 M_{PGA} 与库水骤降之前的 M_{PGA} 变化规律相似，骤降后的 M_{PGA} 随激震强度增加的变化过程可以分为 3 个阶段。库水骤降后，激震强度小于 0.148g 时，M_{PGA} 增加率较大，当激震强度大于 0.148g 时，M_{PGA} 的增加率逐渐减小，尤其是 0.297g～0.446g 阶段，M_{PGA} 的增加率快速减小。这说明激震强度大于 0.148g 时，库水骤降后表层坡体开始发生破坏；激震强度大于 0.297g 时，表层坡体开始发生大变形破坏。对比库水骤降前后 M_{PGA} 的变化趋势可以发现，M_{PGAL} 的增加率随激震强度增加逐渐减小，而 M_{PGAH} 的增加率随激震强度增加而逐渐增大。这说明库水骤降对 M_{PGA} 随激震强度的变化规律影响较大，主要是由于库水位骤降加剧表层坡体的动力破坏变形，削弱表层坡体的稳定性，库水骤降降低 M_{PGA} 的增加速率。此外，库水骤降及地震作用下边坡的破坏演化过程可以通过分析 M_{PGAL} 或 M_{PGAH} 进行识别。在破坏变形阶段可以发现 M_{PGAH} 增加率较快，但是 M_{PGAL} 的变化速率较小，特别是在第 3 阶段 M_{PGAL} 未发生明显变化，而 M_{PGAH} 的增加速率较大可以进行明显识别。这表明利用 M_{PGAH} 可以较好地分析边坡的动力破坏演化过程，特别是当边坡发生大变形时，利用 M_{PGAH} 能清晰地反映边坡的变形过程。

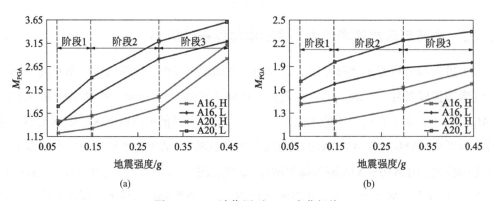

图 5-18　AS 波作用下 M_{PGA} 变化规律
（a）垂直波；（b）水平波（H 和 L 代表高低水位）

此外，利用坡表ΔM_{PGA}进一步研究库水骤降及地震作用下边坡的破坏演化过程，以 A10、A16 和 A19 点为例，其ΔM_{PGA}随激震强度的变化规律如图 5-19 所示。ΔM_{PGA}随激震强度增加表现为先增加再减小的趋势，具体表现为：0.074g 至 0.148g，ΔM_{PGA}出现快速增加，这是由于在这个阶段内边坡未发生明显的破坏变形；0.148g 至 0.297g，ΔM_{PGA}开始表现为慢速增加，这是由于这个阶段内表层坡体开始出现变形破坏，尤其是高低水位间的破坏变形更加明显，直接导致ΔM_{PGA}的增加速率出现下降。但是，在 0.297g～0.446g阶段，ΔM_{PGA}表现为快速下降的趋势，这说明在该阶段边坡表层坡体出现滑动破坏，导致边坡的放大效应的增加率出现明显减小。由图 5-19 可以发现，利用ΔM_{PGA}分析边坡的破坏演化过程时，存在一个临界状态即 0.297g，在 0.297g后边坡开始出现滑动破坏。

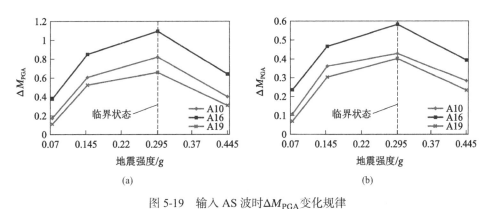

(a) (b)

图 5-19　输入 AS 波时ΔM_{PGA}变化规律
（a）垂直地震波；（b）水平地震波

5.3.4　地震及库水作用下边坡稳定性演化过程及破坏机制

1. 地震及库水作用下边坡稳定性分析

利用块体的PGA矢量计算其安全系数。以下边坡的安全系数计算，以高水位条件下输入水平 AS 波为例，各监测点的PGA的数值及其与顺向结构面的水平夹角如表 5-4 所示，其中 m·s^{-2}/° 表示PGA的幅值/与水平方向的夹角。计算出边坡自上而下 3 层块体的安全系数K_s，如图 5-20（a）所示。

高水位输入水平 AS 波 PGA 矢量　　　　　　　　　　表 5-4

监测点位置		输入不同地震作用时的PGA矢量（m·s^{-2}/°）			
		地震作用 0.074g	地震作用 0.148g	地震作用 0.297g	地震作用 0.446g
第一层坡体	A20	1.06/14.49	2.27/12.16	4.69/11.92	6.73/9.35
	A16	0.91/13.15	1.97/10.36	4.57/9.67	5.52/8.34
	A10	0.88/9.52	1.64/11.37	3.32/10.53	3.3/12.06
第二层坡体	A11	0.84/7.86	1.32/12.46	2.23/13.46	3.04/9.49

监测点位置		输入不同地震作用时的PGA欠量（m·s⁻²/°）			
		地震作用 0.074g	地震作用 0.148g	地震作用 0.297g	地震作用 0.446g
第二层坡体	A15	0.87/11.34	1.16/9.43	2.06/11.72	2.57/10.67
	A7	0.71/12.06	1.11/11.71	2.68/8.67	2.71/10.34
第三层坡体	A12	0.76/14.63	1.17/7.69	2.19/8.69	2.52/11.08
	A8	0.63/8.69	1.08/11.61	2.14/10.37	2.46/8.64

由图 5-20（a）可知，边坡块体的 K_s 值随着激震强度的增大而表现为逐渐减小趋势，这说明随着激震强度增加边坡的变形在不断加剧，导致边坡的稳定性逐渐减小。与库水骤降之前的 K_s 值相比，库水骤降后的 K_s 值出现一定程度的减小，这表明库水骤降对边坡的地震稳定性具有不利的影响。此外，在激震强度在 0.074g～0.446g 之间，监测点 A15、A12、A7 和 A8 的 K_s 值始终大于 1.0，这说明在地震过程中最上层顺向结构面以下的坡内的安全系数大于 1.0，在整个地震过程中坡内始终是稳定的，这与利用 M_{PGA} 的分析结果相吻合。由图 5-20（a）可以看出，监测点 A20、A16 和 A10 的 K_s 值小于监测点 A15、A12、A7 和 A8 的 K_s 值，这表明当激震强度达到一定值时，表层坡体开始出现滑动变形破坏。其中，在激震强度 0.074g～0.297g 范围内，A20、A16 和 A10 的 K_s 值大于 1.0，而在 0.297g～0.446g 之间三个监测点的 K_s 值小于 1.0。这一现象说明表层坡体在 0.074g～0.297g 激震强度范围内是稳定的，而在 0.297g～0.446g 之间表层坡体开始出现滑动破坏。由图 5-20（b）可知，M_{PGA} 随着地震作用增加表现为增加趋势，相同条件下库水骤降后 M_{PGA} 出现一定程度的增加，这表明库水骤降对边坡具有放大效应，使边坡的变形进一步增加，削弱边坡的稳定性。此外，库水骤降后的 M_{PGA} 大于后续工况施加更大地震作用时的 M_{PGA}，例如库水骤降后 0.148g 时大于高水位 0.297g 时的 M_{PGA}。由上述安全系数的变化规律分析可知，激震强度与库水位骤降对边坡稳定性具有不利影响。地震作用下边坡的动力破坏演化过程可以分为 2 个阶段：当激震强度小于 0.297g 时边坡是稳定的；激震强度大于 0.297g 时，表层坡体沿最上层顺层构造面发生滑动变形破坏。

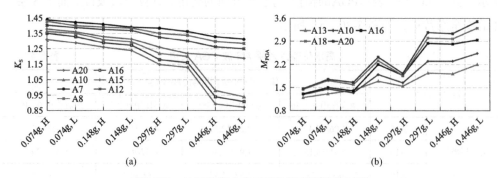

图 5-20　地震及库水作用下边坡变形演化过程

（a）K_s；（b）M_{PGA}

2. 基于加速度矢量的边坡破坏机制分析

为研究岩质边坡的地震动力变形特征，以某一时刻为例，边坡各个块体的加速度矢量如图 5-21 和图 5-22 所示。其中，各监测点的加速度矢量是 A20 处加速度矢量达到最大值时所得，而其他监测点的加速度矢量并没有达到最大值。图 5-21 和图 5-22 中的各监测点的 $A/B°$ 分别代表加速度值及加速度矢量与水平的夹角。例如，1.84/261.44° 表示加速度值为 1.84m/s²，加速度矢量与水平夹角为 261.44°。

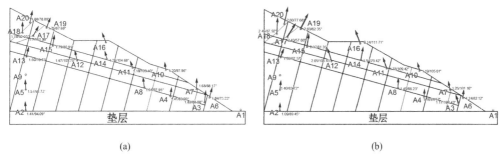

(a)   (b)

图 5-21　高水位垂直 AS 波作用下加速度矢量

（a）0.074g；（b）0.297g

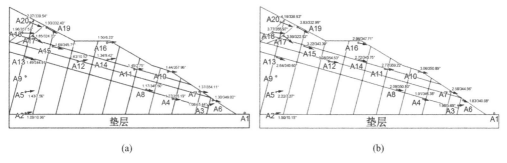

(a)   (b)

图 5-22　高水位水平 AS 波作用下加速度矢量

（a）0.074g；（b）0.297g

地震作用下表层坡体的块体运动并不相同。由图 5-21 和图 5-22 可以看出，块体之间的加速度方向及幅值存在明显差异，这将直接导致地震过程中块体之间的运动出现差异，进而造成在不连续结构面出现裂缝。由图 5-21 可知，垂直地震作用下相邻块体的加速度矢量幅值及其方向存在明显差异，这将导致块体之间出现不均匀沉降。例如，激震强度为 0.074g 时，A20 的加速度值及水平夹角为 1.88m/s² 和 78.89°，A19 的相应的值为 1.76m/s² 和 67.69°。由图 5-22 可知，水平地震作用下，相邻块体的加速度矢量也不同，这将导致相邻块体之间出现水平向的拉裂缝。例如，激震强度为 0.074g 时，A16 的加速度值及水平夹角为 1.50m/s² 和 6.23°，A15 的相应的值为 1.69m/s² 和 345.71°。此外，还可以发现前部块体的加速度值大于后部块体的加速度值，例如，激震强度为 0.297g 时，A10 的加速度值及水平夹角为 3.06m/s² 和 350.89°，A11 的相应的值为 2.77m/s² 和 359.22°。由图 5-21 可知，在垂直地震作用下，各块体的加速度方向与垂直方向相接近，这说明 P 波主要引起垂直向的沉降变形。由图 5-22 可知，水平地震作用下，块体的加速度方向与顺向结构面的方向相近，也即潜在的滑移面方向，这说明在水平地震作用下，S 波主要诱导水平向的块体滑移运动。通过对比图 5-21 和图 5-22 可知，水平地震作用下的加速度矢量大于垂直地震作用下的加速度矢量，这说明 S 波对边坡变形的影响大于 P 波。根据上述基于加速度矢量分析，地震过程中相邻块体之间的变形差异是诱发滑坡的主要因素，垂直沉降和水平滑动是地震过程中边坡的主要变形形式，其中，沉降变形及水平滑动分别主要由 P 波和 S 波引起。在试验过程中 P 波和 S 波诱发边坡的变形特征可以概括如下：在 P 波垂直向振动条件下，边坡的相邻块体之间加速度矢量的差异将直接诱发不均匀的沉降变形，导致表层坡体的反倾结构面产生纵向的裂缝；S 波主要使相邻块体之间的加速度矢量产生较大的差异，这将直接诱发纵向的张拉裂缝，同时 S 波也将直接诱发表层坡体产生较大的水平向的剪切变形，最终导致滑坡的发生。

5.4 边坡动力响应频率域分析

5.4.1 地震作用下边坡傅里叶谱分析

地震波不同频率成分对边坡的动力响应特征影响不同，尤其是固有频率与边坡的动力响应特征具有密切关系。为分析固有频率对边坡动力响应特征的影响，以输入激震强度为 0.074g 水平向 AS 波为例，选取坡内及坡表典型监测点（A2、A5、A6、A7、A10、A13、A16、A18 和 A20）为研究对象，针对其加速度时程进行 FFT 后得到相应的傅里叶谱，如图 5-23 和图 5-24 所示。边坡作为一种天然的滤波器可选择性地放大某些频率成分，特别是放大与边坡固有频率相近波的频率成分的幅值，并且在固有频率段表现出共振效应[9-11]。由图 5-23 可知，坡内监测点的傅里叶谱中出现 4 个卓越频率段 f_1（4～6Hz）、f_2（14～16Hz），f_3（22～24Hz）和 f_4（27～29Hz）。卓越频率段的傅里叶谱幅值明显大于周围频率段的谱幅值，尤其是 f_1 频率段内的谱幅值较大。边坡的高程、地形及地质条件的变化将直接导致边坡放大效应的变化[12-13]。由图 5-23 可看出，A2 点 f_1 的谱幅值最大，f_2 的谱幅值相对较小，f_3 和 f_4 的谱幅值更小。随着坡体高程的增加，f_2、f_3 和 f_4 的谱峰值快速增加，尤其是 f_2 的谱峰值增加最快。而 f_1 的谱峰值随高程的变化并不明显，基本上保持在 0.07g～0.08g 内波动。这表明在坡内 f_2、f_3 和 f_4 频率段对边坡的放大效应最为敏感，而 f_1 对边坡的地震动力响应的影响较小。

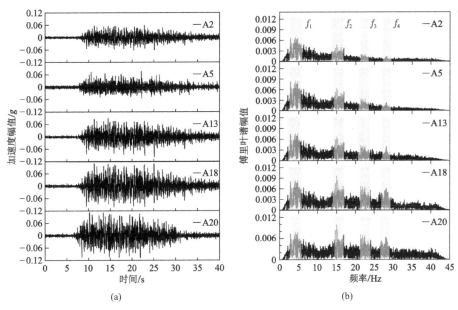

图 5-23　高水位 0.074g 水平 AS 波作用下坡内监测点

（a）加速度时程；（b）傅里叶谱

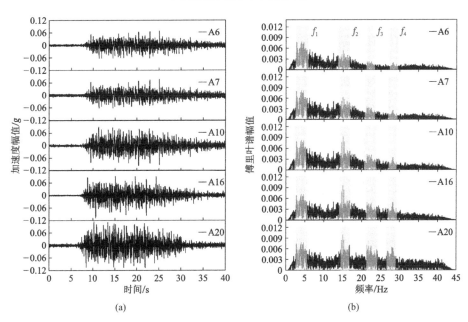

图 5-24　高水位 0.074g 水平 AS 波作用下坡表监测点

（a）加速度时程；（b）傅里叶谱

此外，由图 5-24 可知，A6 和 A7 坡表监测点 f_1 的谱幅值较为明显，而 f_2、f_3 和 f_4 频率段的谱幅值较小。随着坡体高程的增加，f_2、f_3 和 f_4 的谱幅值增加较快，尤其是 f_2 的谱幅值增加最快。但是，相对 f_2、f_3 和 f_4 的谱幅值变化规律而言，f_1 的谱幅值的增加速率较小，在一定的范围内波动。由此可知，在坡表随着高程增加监测点 f_2、f_3 和 f_4 的谱幅值增加较快，而 f_1 的谱幅值的变化并不明显。在坡表 f_2、f_3 和 f_4 对高程放大效应较为明显，而

f_1对边坡的地震动力响应特征并不敏感。此外，输入波的卓越频率与边坡的f_1频率段相吻合，这表明边坡的卓越频率段f_1是由输入波引起的，而并非边坡的固有频率。对比f_2、f_3和f_4频率段的谱幅值可知，f_2的谱幅值最大，说明固有频率f_2引起的放大效应最为显著。同时，f_2的谱幅值随高程增加的速率最大，这表明固有频率f_2对边坡的地震动力响应特征的影响最大，在边坡的地震动力响应中占据主导地位。由图 5-23 和图 5-24 可知，当频率 ≥ 30Hz 时，傅里叶谱幅值较小，并且随着边坡高程增加并未出现明显的增加规律。因此，通过对坡内及坡表的傅里叶谱分析可知，在整个频率域范围内，仅有固有频率段（f_2、f_3和f_4）对边坡的动力响应具有明显的影响，因此，采用固有频率段（f_2、f_3和f_4）的 PFSA 作为分析指标，根据频率域分析边坡的动力响应及变形演化规律。

5.4.2　边坡地形及地质效应频率域分析

不同地震作用下 PFSA 随高程的变化规律如图 5-25～图 5-27 所示。由图 5-25（a）～图 5-27（a）可知，坡内的 PFSA 整体上随边坡高程增加表现为增加趋势。例如当地震作用为 0.148g 时，边坡高程为 0.1m、0.27m、0.53m、0.7m 和 0.79m 时的 PFSA 分别为 00586g、0.00819g、0.00956g、0.0125g 和 0.0132g。由图 5-25（b）～图 5-27（b）可知，在坡表 PFSA 整体随着高程增加而增加。

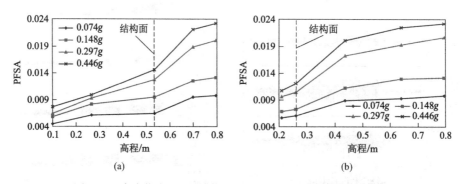

图 5-25　高水位水平 AS 波作用下f_2的 PFSA 随高程的变化规律

（a）坡内；（b）坡表

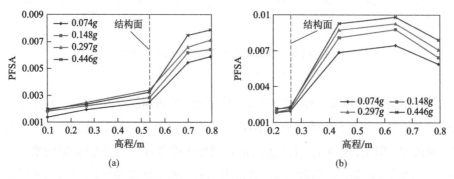

图 5-26　高水位水平 AS 波作用下f_3的 PFSA 随高程的变化规律

（a）坡内；（b）坡表

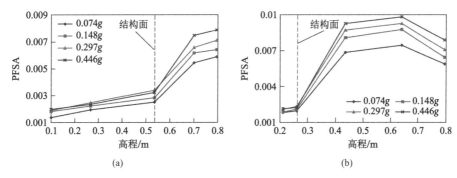

图 5-27　高水位水平 AS 波作用下 f_4 的 PFSA 随高程的变化规律

（a）坡内；（b）坡表

5.4.3　库水骤降作用下边坡地震响应频率域分析

库水骤降对边坡的稳定性具有较大的影响，前文依据时间域利用 PGA 探究了库水位骤降与边坡动力响应特征的关系，本小节从频率域角度利用 PFSA 及傅里叶谱特征深入研究库水位骤降对边坡地震响应的影响。以输入 0.074g 的 AS 波为例，库水骤降后的坡表加速度时程及其傅里叶谱如图 5-28 所示。通过对比库水骤降前后的傅里叶谱（图 5-24 和图 5-28）可知，库水骤降后坡表的傅里叶谱特征未发生明显变化，仅在傅里叶谱幅值上出现增加，尤其是在低频段（14～16Hz）内的谱幅值出现较大程度的增加，但高频段（22～24Hz 和 27～29Hz）内的谱幅值增加幅度较小。即库水位骤降对低频段的谱幅值的放大效应更为明显，而对高频段的放大效应相对较弱。库水位骤降是对表层坡体的整体性变形特征影响较大，而对其局部变形特征影响较小。

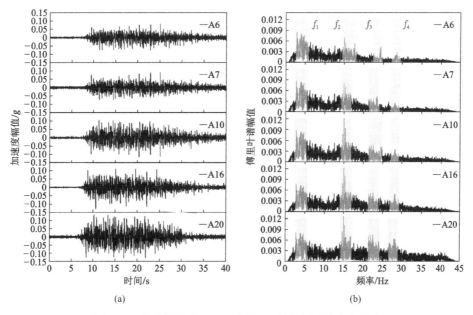

图 5-28　库水骤降后 0.074g 水平 AS 波作用下坡表监测点

（a）加速度时程曲线；（b）傅里叶谱

5.4.4　边坡地震变形演化过程及破坏特征分析

研究滑坡的动力变形演化规律是分析滑坡破坏机理的基础[11]。小震作用下复杂地质构造岩质边坡往往先出现局部破坏,随着边坡局部变形的累积,最后会导致滑坡。为分析边坡的地震破坏演化过程,以 A10、A16、A18 和 A20 为例,库水位骤降后边坡表面的 PFSA 随地震强度的变化规律如图 5-29 所示。从图 5-29(a)可以看出,f_2 的 PFSA 从 0.074g 增加到 0.297g 过程中,整体上为线性增加趋势,但是,由 0.297g 增加至 0.446g 过程中,PFSA 表现为非线性增加趋势。由图 5-29(b)可知,地震作用由 0.074g 增加到 0.297g 过程中,f_3 的 PFSA 整体上呈线性增加趋势;地震作用由 0.297g 增加到 0.446g 过程中,f_3 的 PFSA 的增加率快速下降。由图 5-29(c)可知,当地震强度小于 0.297g 时,f_4 的 PFSA 整体上为呈线性增加,但是当地震强度为 0.297g 时,PFSA 出现突然减小的现象。通过分析 PFSA 可以发现,当地震强度小于 0.297g 时,PFSA 随地震作用增加而表现为线性增加趋势,表明边坡是稳定的,未发生大的变形破坏;当地震强度大于 0.297g 时,边坡的 PFSA 呈非线性增加,说明坡表开始出现裂缝,破坏表层边坡岩体的完整性,坡表的裂缝将导致坡表孔隙率增加,使地震波传播波速和能量降低,进而导致边坡动力响应出现变化。因此,一旦表层坡体出现震害损伤,岩体中的地震能量传播特征将出现很大的改变,进而导致边坡放大效应出现较大的变化或突变。从固有频率的 PFSA 变化规律可知,边坡的地震破坏演化过程可分为 2 个阶段:局部变形破坏阶段(< 0.297g)和整体性滑动破坏阶段(> 0.297g)。在整体性滑动破坏阶段,随地震作用增加 f_2 和 f_3 的 PFSA 增加率减小,这表明从整体变形的角度可以较为清晰地判识边坡的整体性滑动破坏阶段。与 f_2 和 f_3 的 PFSA 对比分析发现,在整体性滑动破坏阶段,f_4 的 PFSA 出现突变,其变化趋势更加明显,这表明从局部破坏角度,利用 f_4 的 PFSA 可以更加清晰地判识边坡的破坏演化过程,这是由于 f_4 主要诱发坡顶区域的变形,而坡顶区域是最不稳定的区域。

通过分析试验过程中边坡破坏现象(图 5-30)可进一步探讨固有频率与边坡动力变形特征之间关系。当地震作用为 0.297g 时,坡表出现局部变形破坏,即在坡表沿结构面出现许多裂缝,随地震作用增加裂缝不断加深、扩展和贯通,最终在地震作用为 0.446g 时表层坡体出现大规模滑动破坏。由图 5-30(b)可知,边坡坡顶及平台区域的破坏较为严重,这与地震波高频分量的影响密切相关。f_3 和 f_4 主要诱发表层坡体的局部变形破坏,在滑坡发生前边坡的局部变形最为明显。最上层顺向结构是滑移面,这说明低频分量 f_2 主要诱发表层坡体出现整体性的滑动破坏。地震作用下滑坡的发生是一个渐进的破坏过程,即累积破坏过程。高频分量主要引起边坡的局部破坏,在滑坡地震累积变形过程中起主导作用,而低频分量主要决定滑坡破坏模式。地震作用下滑坡动力破坏机理可以概括如下：地震波高频分量首先引起边坡局部变形破坏，随着地震强度增加，表层坡体局部变形破坏逐渐扩展，当局部变形破坏累积到一定程度时，低频分量进一步触发表层坡体出现整体滑动破坏。

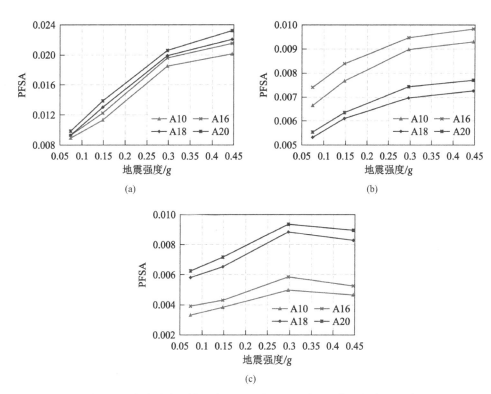

图 5-29　库水骤降后输入水平 AS 波 PFSA 随地震作用的变化规律
（a）f_2；（b）f_3；（c）f_4

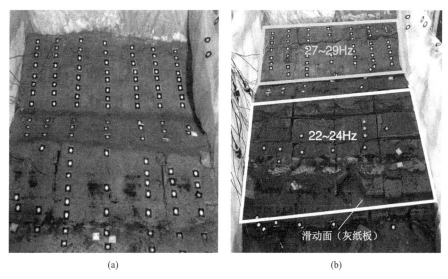

图 5-30　输入 AS 波边坡的破坏现象
（a）0.297g；（b）0.446g

5.5 边坡动力响应时频域分析

5.5.1 地震及库水作用下基于 HHT 能量谱的地震能量传递分析

1. 地震作用下边坡地震能量传递分析

Hilbert 能量谱可较好地反映原始地震波信号在时频域的能量分布以及原始信号在时频域的动力响应特征。通过分析 Hilbert 能量谱幅值的变化规律，可以确定地震能量在时频域内的传播特性。以高水位条件下输入 0.074g 的 AS 波为例，针对边坡监测点的加速度时程进行 EMD 分解，可得到不同阶次的 IMF，然后针对所有阶次 IMF 进行 HHT 得到一系列 Hilbert 谱，汇总所有 IMF 的 Hilbert 谱，就可得到原始信号的 Hilbert 能量谱。选取岩质坡表 4 个典型监测点（A7、A10、A16 和 A20）和坡内 4 个监测点（A2、A5、A13 和 A18）为例，利用上述方法获得高水位条件下边坡表面及坡内不同点 Hilbert 能量谱分别如图 5-31 和图 5-32 所示。边坡表面及坡体内部不同监测点 Hilbert 能量在时间轴及频率轴主要分布在 15～25s 及 10～20Hz 以内。其中 Hilbert 能量谱峰值出现在 14～17Hz 范围内，这说明地震波低频成分 14～17Hz 对边坡动力响应影响较大。Hilbert 能量谱峰值随高程增加表现为增加趋势，这表明高程对边坡的动力响应具有放大效应。14～17Hz 为边坡的一阶固有频率，主要引起边坡的整体变形，说明利用边坡 Hilbert 能量谱可分析边坡整体的动力响应特征。

为进一步利用 Hilbert 能量传递特征分析边坡的动力响应，高水位条件下坡内及坡表典型监测点的 Hilbert 能量谱峰值变化规律如图 5-33 所示。整体上边坡的 Hilbert 能量谱峰值随着高程增加而增加，说明高程对边坡的能量传播特征具有放大效应。由图 5-33（a）可知，在坡内高程大于 0.55m（A13）以上时，地震强度为 0.297g 时的 Hilbert 能量谱峰值大于地震强度为 0.446g 时的能量谱峰值；而在 A13 点以下区域地震强度为 0.297g 和 0.446g 时的 Hilbert 能量谱峰值基本相同，表明在 0.446g 时坡顶区域能量不能正常传递，坡顶出现了变形破坏。由图 5-33（b）可知，在坡体表面，地震强度为 0.446g 时的 Hilbert 能量谱峰值小于地震强度为 0.297g 时的能量谱峰值，说明在地震强度为 0.446g 时表层坡体出现整体性的滑动破坏。为分析边坡随地震强度增加的变形演化过程，坡内及坡表的 Hilbert 能量谱峰值随地震强度的变化规律如图 5-34 所示。在地震强度 0.074g～0.297g 阶段，坡内及坡表监测点的 Hilbert 能量谱峰值随着地震强度增加而增加，说明地震强度小于 0.297g 时地震波能量在坡内的传播基本上为线性增加趋势，边坡未出现变形破坏；在地震强度 0.297g～0.446g 阶段，坡内监测点的 Hilbert 能量谱峰值出现突变现象；地震强度大于 0.297g 时能量谱峰值由增加趋势变为减小趋势，说明当地震强度大于 0.297g 后地震波能量在坡内不能正常传播，边坡出现变形破坏导致能量出现耗散。由 Hilbert 能量的变化规律可知，地震及库水位作用下边坡的动力破坏过程可以分为：稳定阶段（0.074g～0.297g）和滑动破坏阶段（0.297g～0.446g）。

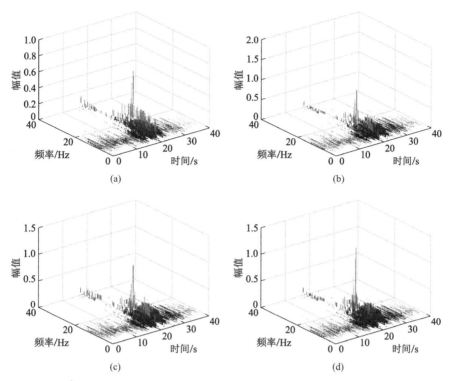

图 5-31　库水骤降前 0.074g 水平 AS 波作用下坡表不同点的 Hilbert 能量谱

（a）A7；（b）A10；（c）A16；（d）A20

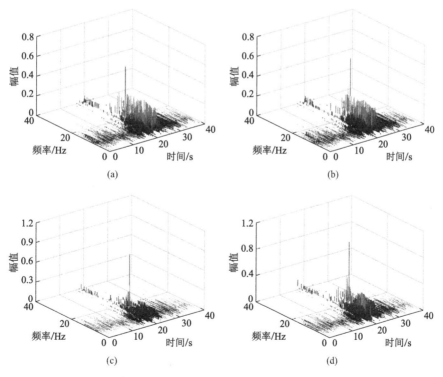

图 5-32　库水骤降前 0.074g 水平 AS 波作用下坡内不同点的 Hilbert 能量谱

（a）A2；（b）A5；（c）A13；（d）A18

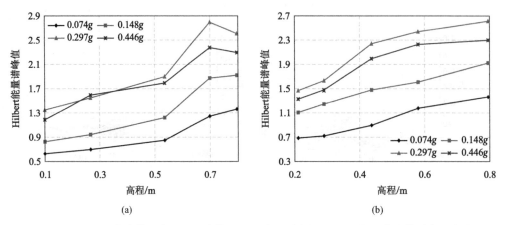

图 5-33　地震及库水作用水平 AS 波作用下边坡不同点的 Hilbert 能量谱峰值随高程变化

（a）坡内；（b）坡表

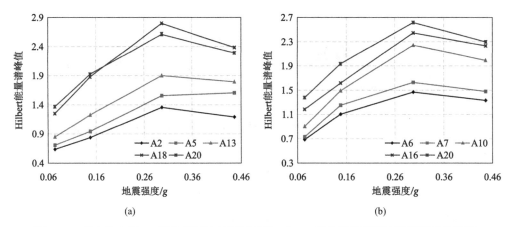

图 5-34　高水位水平 AS 波作用下边坡不同点的 Hilbert 能量谱峰值随地震强度变化规律

（a）坡内；（b）坡表

2. 地震及库水骤降作用下边坡地震能量传递特征分析

为研究地震及库水骤降作用下边坡内的 Hilbert 能量传递特征，以库水骤降后坡内及坡表典型监测点为例，输入水平 AS 波时典型监测点 Hilbert 能量谱如图 5-35 和图 5-36 所示。坡表及坡内的地震 Hilbert 能量在时间轴及频率轴分别主要分布在 18～22s 及 10～20Hz 以内。需要注意的是，边坡的 Hilbert 能量谱峰值主要出现在 14～17Hz 内，表明低频成分（14～17Hz）对边坡的动力响应影响较大。边坡的地震 Hilbert 能量谱峰值与高程成正相关，表明边坡动力响应具有典型的高程放大效应。为进一步分析地震及库水骤降作用下边坡的动力响应特征，坡内及坡表的 Hilbert 能量谱峰值变化如图 5-37 所示。边坡的 Hilbert 能量谱峰值整体上随着高程增加而增加，说明高程对边坡的能量传播特征具有放大效应。由图 5-37 可知，地震强度为 0.297g 时，坡内高程 0.55m 以上的坡体及坡表的 Hilbert 能量谱峰值大于地震强度 0.446g 时的峰值，因此在地震强度 0.446g 作用下，地震波能量在坡顶区域不能正常传播，表层坡体出现滑动变形。

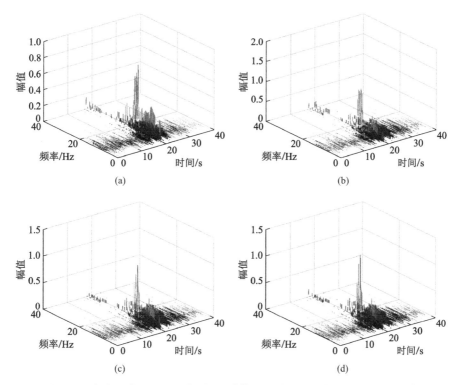

图 5-35　库水骤降后 0.074g水平 AS 波作用下坡表不同点的 Hilbert 能量谱

（a）A7；（b）A10；（c）A16；（d）A20

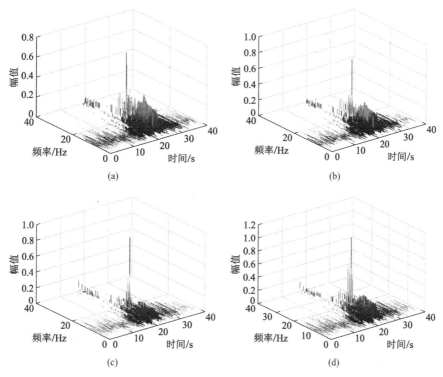

图 5-36　库水骤降后 0.074g水平 AS 波作用下边坡内部不同监测点的 Hilbert 能量谱

（a）A2；（b）A5；（c）A13；（d）A18

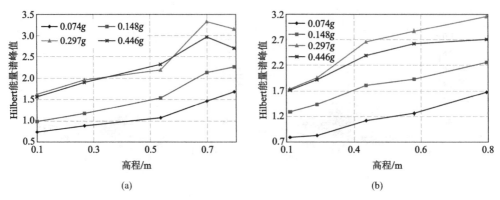

图 5-37　库水骤降水平 AS 波作用下边坡监测点的 Hilbert 能量谱峰值变化

（a）坡内；（b）坡表

　　为研究库水位骤降对边坡 Hilbert 能量谱特征的影响，对比库水位骤降前后坡表 Hilbert 能量谱（图 5-31 和图 5-35）发现，库水骤降后坡表 Hilbert 能量谱的形态及峰值出现较大变化，在 Hilbert 能量谱峰值附近频率成分变得更加丰富，峰值得到较大程度增加，而峰值在时间轴和频率轴上出现位置基本上未发生变化，均出现在 14～17Hz 及 18～22s 范围内，表明库水骤降使坡表地震波 Hilbert 能量谱峰值增加，值得注意的是库水骤降对边坡地震 Hilbert 能量峰值出现时间及频率影响较小。对比库水位骤降前后坡内 Hilbert 能量谱（图 5-32 和图 5-36）发现，库水骤降仅对 Hilbert 能量谱峰值产生放大效应，对其能量谱形态影响较小。由此可知，库水骤降对表层坡体 Hilbert 能量谱特征影响较大，尤其是对峰值附近谱幅值影响较大，但对坡内 Hilbert 能量谱的形态影响较小，仅对坡内 Hilbert 能量谱峰值具有一定放大效应。这是由于地震作用下表层坡体出现裂隙，加速库水入渗，进而改变表层坡体内结构面填充物的物理力学性质，具体原因如下：地震波在坡体内传播时相当于在固体介质及孔隙中进行传播，地震作用使表层坡体内固体介质中的颗粒出现相对摩擦运动，特别是表层坡体出现裂缝使库水沿结构面入渗，孔隙中液体或气体分子之间出现剧烈位移，产生热量，从而吸收一部分振动能量；此外，表层坡体在地震作用下出现变形破坏，同时坡表为自由面，相对于坡内的约束较小，对地震波具有叠加效应，使表层坡体产生较大位移响应，导致表层坡体内的质点相对运动做功更多，随之吸收更多能量。库水骤降后，表层坡体出现较大地震变形响应，使表层坡体内地震波波速出现较大变化，导致能量在表层坡体传播特征改变，同时随着地震作用的增加表层坡体出现较多的裂隙使孔隙度增加，使波速出现较大变化，造成表层坡体 Hilbert 能量谱峰值出现改变。由于坡体内部变形较小，即库水骤降后坡体内部的 Hilbert 能量谱的变化较小。

　　地震及库水骤降作用下边坡 Hilbert 能量谱峰值随地震强度的变化规律如图 5-38 所示。对比分析图 5-34 和图 5-38 可知，库水骤降后边坡 Hilbert 能量谱峰值变化规律与库水骤降前相似。地震及库水骤降作用下边坡动力破坏过程可分为 2 个阶段：稳定阶段（0.074g～0.297g）和滑动破坏阶段（0.297g～0.446g）。但利用 Hilbert 能量难以准确分析边坡震害损伤发展过程，尤其是难以从局部变形破坏的角度分析边坡震害发展过程，更加难以准确判识震害位置。这是由于采集到边坡某一位置地震波的 Hilbert 能量谱汇总所有 IMF 的 Hilbert 谱，在频率轴内掺杂所有 IMF 的频率成分，且峰值出现在低频段（15～17Hz），而高频段幅值较小，由此可知，Hilbert 能量谱可较好地表征边坡整体的动力变形特征，但是难以突出局部破坏特征。因此，为进一步分析地震作用下边坡震害损伤发展过程，下面将利用边际谱基于局部破坏的角度进行深入探究。

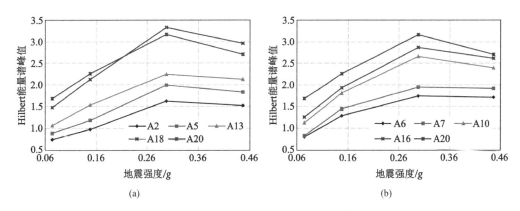

图 5-38　库水骤降水平 AS 波作用下 Hilbert 能量谱峰值随地震变化

（a）坡内；（b）坡表

5.5.2　地震及库水作用下基于边际谱理论岩质边坡震害识别

1. 边坡震害的能量识别方法

本节中边坡动力破坏模式能量判识方法的研究工况为 AS 波，其中监测点 A1 位于振动台台面，采集到的加速度时程曲线与输入波波形相似，其 EMD 分解结果如图 5-39 所示，结果表明前 6 阶 IMF 基本上包含原始地震波所有幅值成分。为进一步验证这一结果，对坡内监测点加速度时程进行 EMD 分解，以点 A2 为例，其 EMD 分解结果及 IMF 如图 5-40 所示。由图 5-39 和图 5-40 可知，EMD 分解后 IMF2 幅值较大，且 IMF2 频率成分更加丰富、辨识度更高。因此，选取边坡内各个监测点实测加速度时程 IMF2 进行边际谱计算和分析。以输入 0.074g 的 AS 波和点 A1 加速度时程为例，其边际谱如图 5-41 所示。在高频段（20～35Hz）内边坡边际谱的幅值明显大于其他频率段边际谱幅值，尤其是低频段谱幅值很小，因此采用边际谱可以较好地反映边坡局部的变形特征。

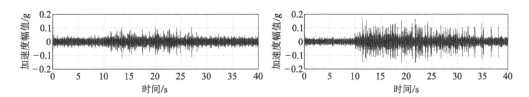

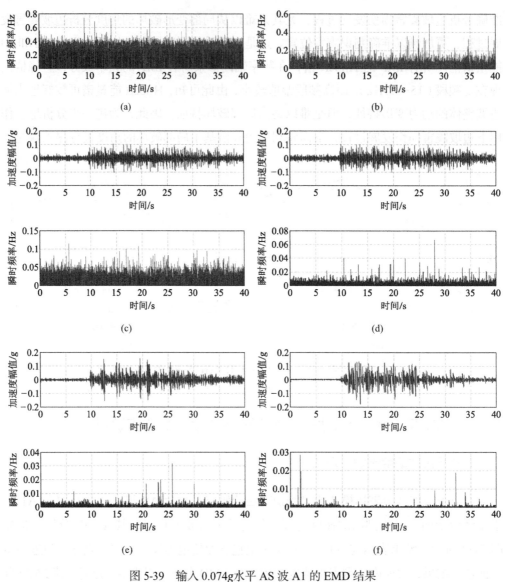

图 5-39　输入 0.074g 水平 AS 波 A1 的 EMD 结果

（a）IMF1；（b）IMF2；（c）IMF3；（d）IMF4；（e）IMF5；（f）IMF6

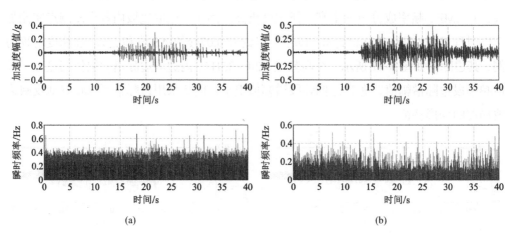

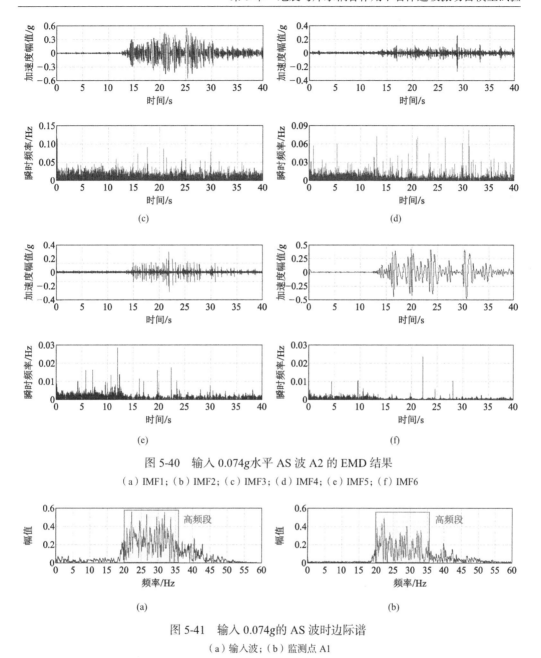

图 5-40　输入 0.074g 水平 AS 波 A2 的 EMD 结果

（a）IMF1；（b）IMF2；（c）IMF3；（d）IMF4；（e）IMF5；（f）IMF6

图 5-41　输入 0.074g 的 AS 波时边际谱

（a）输入波；（b）监测点 A1

2. 地震及库水作用下边坡破坏发展过程分析

对输入 AS 波时含不连续结构面岩质边坡内各监测点加速度时程进行 HHT，得到不同地震强度作用下的 Hilbert 边际谱。以高水位及低水位条件下，输入 0.074g 和 0.297g 的 AS 波作用下岩质边坡加速度时程为例，高水位条件下边际谱如图 5-42 和图 5-43 所示，低水位条件下边际谱如图 5-44 和图 5-45 所示。

如图 5-42 及图 5-44 所示，0.074g 地震作用下，坡表与坡内各监测点的边际谱峰值随着高程增加而变大；由图 5-43 及图 5-45 所示，0.297g 地震作用下，坡内边际谱峰值随着高程增加而变大。但是，在坡表 A10 点与 A16 点之间的边际谱峰值随着高程增加而减小，其他坡表的边际谱峰值均随高程增加而变大，说明在 A10 与 A16 间坡表的地震波能量传播出现异常，这个区域内出现了局部的破坏变形。此外，为研究库水骤降对边坡边际谱特征的影响，对库水骤降前后的边际谱（图 5-42～图 5-45）进行对比分析可知，库水骤降后的边际谱特征未发生明显的变化，仅在库水骤降后边际谱幅值出现一定程度的增加，尤其是边际谱峰值的增加幅度较为明显。通过对比库水骤降前后的边际谱峰值可以发现，库水骤降后的边际谱峰值大约是库水骤降前的 1.2 倍，表明库水骤降对边坡局部的地震响应也具有一定程度的影响，这是利用 Hilbert 能量谱分析难以观察到的。

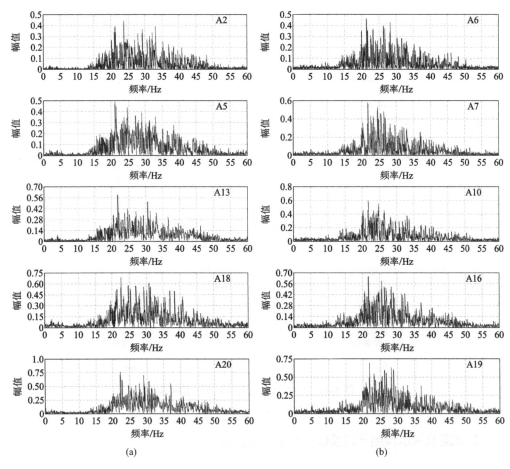

图 5-42　高水位 0.074g的 AS 波作用下监测点的边际谱幅值变化

（a）坡内；（b）坡表

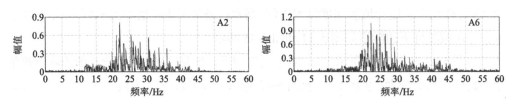

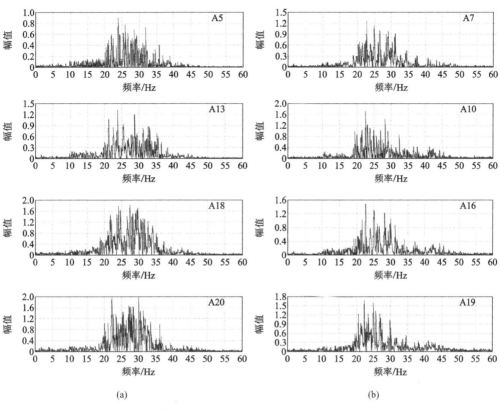

(a)　　　　　　　　　　　　　　　　　(b)

图 5-43　高水位 0.297g 的 AS 波作用下监测点的边际谱幅值变化

（a）坡内；（b）坡表

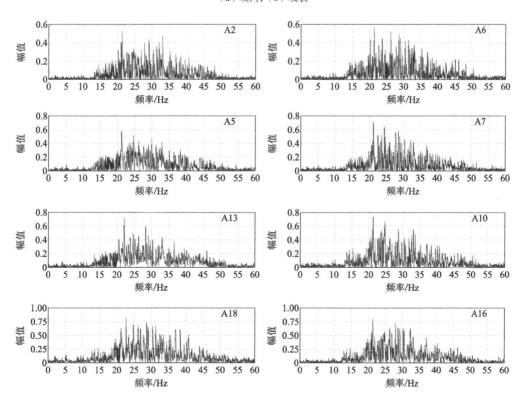

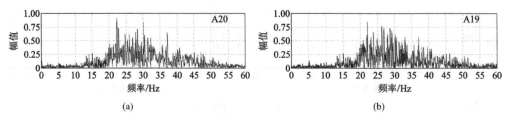

图 5-44 库水骤降后 0.074g 的 AS 波作用下监测点边际谱幅值

（a）坡内；（b）坡表

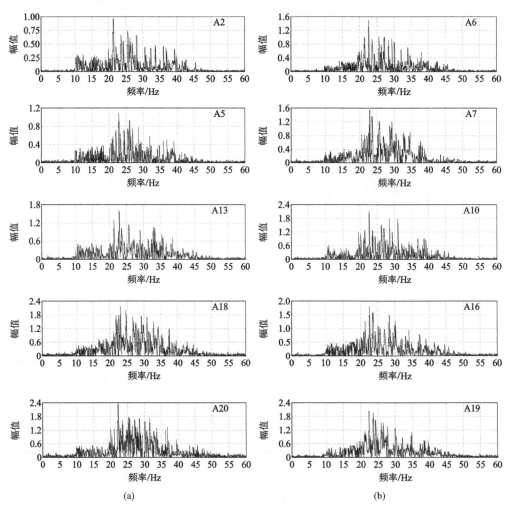

图 5-45 库水骤降后 0.297g 的 AS 波作用下监测点边际谱幅值

（a）坡内；（b）坡表

为进一步揭示边坡内部的破坏变形发展过程，对高水位条件下不同地震作用下各个监测点的边际谱峰值进行分析，探讨地震波在坡体内部自下而上传播过程中时频域内地震波能量传播特征的变化规律。选择坡体内部及坡面典型监测点作为研究对象，边际谱峰值随地震作用增加的变化规律如图 5-46 所示。由图 5-46（a）可知，在 0.074g～0.297g 范围内，边际谱峰值整体上表现为增加趋势，说明地震波能量在坡体内的传播整体上表现为线性增加，坡体内部未出现破坏；由图 5-46（b）可以看出，地震作用 0.074g～0.148g 阶段，坡表的边际谱峰值整体上表现为增加趋势，说明坡表未出现变形破坏；在地震作用为 0.297g 时，坡体表面整体上表现为增加趋势，但是，由 A10～A16 出现减小，边际谱峰值的增加趋势出现突变，这说明在平台区域附近地震波能量出现突变不能正常传播，在平台区域出现局部破坏。由图 5-46 可以看出，地震作用 0.446g 时，坡体内部 A2～A13 范围内，边际谱峰值呈现逐渐增加趋势；而在 A18～A20 范围内边际谱峰值出现突减，说明地震波能量不能正常传播，在该区域出现破坏。在坡表，A6～A7 变形为增加趋势，A7 以上区域边际谱峰值出现突减变形为减小趋势，说明表层坡体出现了变形破坏。

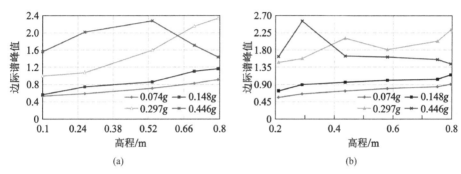

图 5-46　地震及库水骤降作用下边坡的 PMSA 随高程变化规律

（a）坡内；（b）坡表

为深入分析含不连续结构面岩质边坡地震破坏演化过程，模型边坡的边际谱峰值随地震强度的变化规律如图 5-47 所示。在地震作用 0.074g～0.446g 阶段，边坡内部监测点（A2、A5、A6、A7 和 A13）的边际谱峰值随着地震作用增加而表现为逐渐增加趋势，说明地震作用下边坡内部没有出现破坏变形。在地震作用 0.074g～0.148g 阶段，表层坡体的监测点（A10、A16、A18、A19 和 A20）随着地震作用增加而逐渐增加，但是，在地震作用 0.297g 之后，出现明显的突减现象，表明表层坡体在 0.297g 之后地震波能量在表层坡体内不能正常传播，表层坡体出现破坏变形。

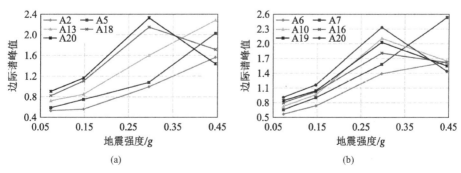

图 5-47　地震及库水骤降作用下边坡的 PMSA 随地震强度变化

（a）坡内；（b）坡表

滑体与滑床之间的地震 Hilbert 能量差异导致滑体与滑床间动力响应差异，是造成顺向结构面发生剪切破坏的重要原因之一。结构面对地震 Hilbert 能量分布具有影响，结构面的存在使表层坡体的地震 Hilbert 能量大于边坡内部。根据边际谱分析可知，地震波的高频分量（＞20Hz）Hilbert 能量主要诱发表层坡体局部破坏，并在边坡中部和顶部首先出现震害损伤。表层坡体局部破坏使结构面孔隙增大，导致能量耗散增加。其中 15～17Hz 内地震 Hilbert 能量由于共振效应进一步放大表层坡体动力响应，引发表层坡体出现整体滑动破坏。在结构面出现剪切破坏过程中，随着地震作用增加，地震 Hilbert 能量在结构面处逐渐耗散，在地震强度为 0.446g 时能量耗散最大，导致表层坡体地震 Hilbert 能量出现下降，如图 5-34 和图 5-38 所示。为进一步验证这一发现，以滑体内监测点 A10 和 A20、滑床内 A4 和 A13 为例，不同地震作用下滑体与滑床的加速度时程差，即 A10-A4 和 A20-A13 加速度时程差如图 5-48 所示。滑体与滑床之间的动力响应具有明显差异，在地震作用小于 0.297g 时，滑体尚未形成，A20-A13 加速度时程差大于 A10-A4 加速度时程差，说明滑体地震响应是不均匀的，坡顶地震响应大于滑体下部地震响应。滑体与滑床之间的加速度时程差随着地震作用增大而逐渐增大，说明滑体与滑床之间的变形差也随之增加。当地震作用达到 0.446g 时，滑移面已经形成，A20-A13 和 A10-A4 的加速度差基本相同，说明滑体在滑移面形成后地震响应逐渐趋于稳定。通过分析滑体与滑床的地震 Hilbert 能量及加速度时程差，可以发现滑体与滑床动力响应的差异是导致滑坡产生的重要原因。

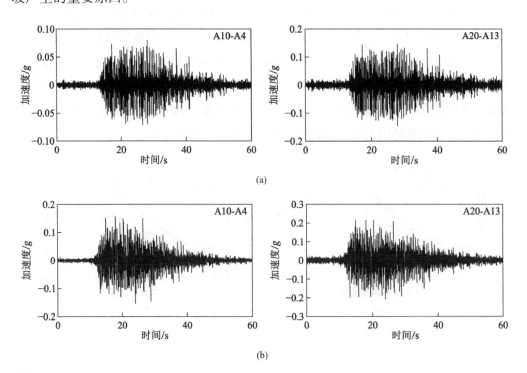

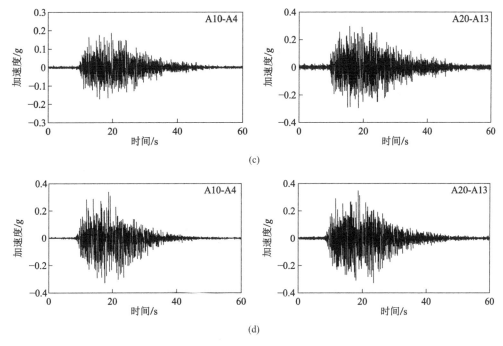

图 5-48　低水位试验中滑体与滑床的加速差值

（a）0.074g；（b）0.148g；（c）0.297g；（d）0.446g

参 考 文 献

[1]　Yang C, Feng N, Zhang J, et al. Research on time-frequency analysis method of seismic stability of covering-layer type slope subjected to complex wave [J]. Environmental Earth Sciences, 2015, 74(6): 5295-5306.

[2]　云南省交通规划设计研究院. 金沙江中游库区高速公路大跨径桥址高边坡灾害调控技术及应用示范研究[R]. 2017.

[3]　宋丙辉, 谌文武, 吴玮江, 等. 甘肃舟曲泄流坡滑坡滑带土的抗剪强度特性[J]. 兰州大学学报(自然科学版), 2011, 47(6): 7-12.

[4]　Madsen P A. Wave reflection from a vertical permeable wave absorber [J]. Coastal Engineering, 1983, 7(4): 381-396.

[5]　Zhu S, Chwang A T. Analytical study of porous wave absorber [J]. Journal of Engineering Mechanics, 2001, 127(4): 326-332.

[6]　Twu S W, Wang Y T. A computational model of the wave absorption by the multilayer porous media [J]. Coastal Engineering, 1994, 24(1-2): 97-109.

[7]　Zhan J, Dong Z, Han Y, et al. Numerical simulation of wave transformation incorporating porous media wave absorber [J]. Journal of Hydrodynamics, 2010, 22(5): 982-985.

[8]　Dai F C, Xu C, Yao X, et al. Spatial distribution of landslides triggered by the 2008 Ms 8.0 Wenchuan earthquake, China [J]. Journal of Asian Earth Sciences, 2011, 40(4): 883-895.

[9] Fan G, Zhang L M, Zhang J J, et al. Time-frequency analysis of instantaneous seismic safety of bedding rock slopes [J]. Soil Dynamics & Earthquake Engineering, 2017, 94: 92-101.

[10] Fan G, Zhang L M, Zhang J J, et al. Energy-based analysis of mechanisms of earthquake-induced landslide using Hilbert-Huang transform and marginal spectrum [J]. Rock Mechanics & Rock Engineering, 2017, 50(4): 1-17.

[11] Song D, Che A, Zhu R, et al. Natural frequency characteristic of rock masses containing complex geological structure and their effects on the dynamic failure mechanism of slopes [J]. Rock Mechanics and Rock Engineering, 2019: 1-17.

[12] Fan G, Zhang J, Wu J, et al. Dynamic response and dynamic failure mode of a weak intercalated rock slope using a shaking table [J]. Rock Mechanics and Rock Engineering, 2016, 49(8): 1-14.

[13] Liu H X, Xu Q, Li Y R. Effect of lithology and structure on seismic response of steep slope in a shaking table test [J]. Journal of Mountain Science, 2014, 11(2): 371-383.

地震与降雨耦合作用下
岩体边坡振动台模型试验

我国西部山区处于强震地带,地震引起了坡体内部岩体的弱化和破碎,季节性降雨更易引起岩质边坡的失稳破坏。因此,亟须关注地震-降雨共同作用下边坡的动力响应和失稳机制研究,而物理模型试验能够较为真实地反映自然条件下复杂地质边坡的动力响应特征和损伤规律[1-2]。

考虑研究区域内岩质边坡成分多样,结构复杂并且地震和周期降水频繁等因素。本章以西部山区自然边坡为研究对象,开展了地震和降雨共同作用下的振动台试验。并通过分析边坡内部的峰值加速度(PGA)、加速度放大系数(M_{PGA})等时域参数,分析了地质地形效应、隧道结构、地震波加载方向和降雨作用对边坡动力响应特性的影响规律;通过傅里叶频谱特征探究了边坡不同区域的卓越频率和峰值演变规律,并利用传递函数探究了边坡的固有频率和一阶模态振型;通过 Hilbert 谱和边际谱从能量和时频域角度对边坡的动力响应特征进行了进一步验证分析。

6.1 振动台模型概化及监测方案

6.1.1 振动台模型概化

研究区域边坡平面形态整体呈"舌状",坡度 38°~45°,并含有多个坡度变形,前缘以坡脚为界,后缘高程 3880m,前缘宽 530m,长 680m,前后缘高差 600m。研究区域边坡地质模型如图 6-1 所示。

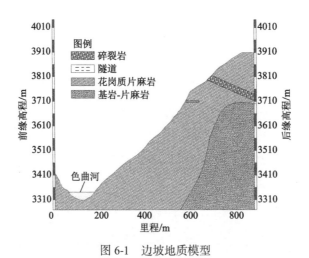

图 6-1 边坡地质模型

为充分模拟实际边坡坡度、地质赋存条件和隧道结构对边坡地震响应特征和损伤变形的影响规律,在保证振动台设备、模型箱尺寸以及相似比的要求前提下,边坡模型与原型边坡尺寸之比为 1:225,如图 6-2 所示。振动台模型将原型边坡概化为含有碎裂岩、基岩和侵入岩三部分的地质模型。模型边坡坡表主体坡度为 46°,并按边坡实际地形依次设置了 61°、33°、47°和 33°四个边坡变形转角。

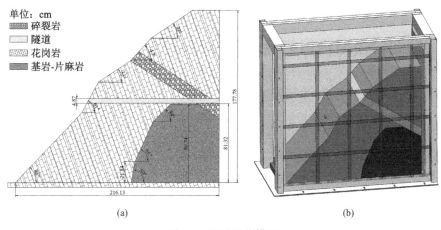

(a) (b)

图 6-2　边坡概化模型

（a）二维概化模型；（b）三维概化模型

同时，在与实际边坡相对应位置设计了隧道衬砌结构。衬砌结构根据实际工程按等比尺缩小，均采用马蹄形断面，隧道缩尺后整体高度为 48.7mm，衬砌厚度采用 5mm（图 6-3）。

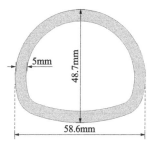

6.1.2　振动台模型测点布设方案

本试验主要探究地震与降雨共同作用下复杂地质边坡的动力响应特征，为充分监测模型整体的加速度场、应变

图 6-3　隧道剖面示意图

场和渗流场，在后续砌筑过程中采用三向和单向加速度传感器联合监测的方式进行边坡加速度监测，以完成对碎裂岩、衬砌和基岩交错区域的重点监测，如图 6-4（a）所示。边坡应变传感器布设主要采用均布方式，以便后期对边坡整体的应变响应进行探究分析。此外，试验过程中采用的加速度传感器为 IEPE 型传感器，应变片为 TA120-3A(5%)型大量程应变片，水分传感器为 EC-5 型土壤传感器。

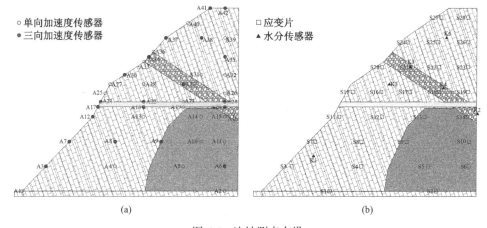

(a) (b)

图 6-4　边坡测点布设

（a）加速度传感器布设方案；（b）应变片及水分传感器布设方案

6.2 振动台模型相似材料及加载方案

6.2.1 振动台试验相似关系及相似材料确定

由第6.1.1节可知，振动台模型边坡缩尺比为1:225，当采用密度、几何尺寸和加速度作为控制变量时，边坡模型内的基岩、侵入岩和碎裂岩可利用表6-1将所需物理力学参数的相似系数进行求解。同时，基于室内岩石力学试验结果，可确定试验模型的相似材料配比。

主要物理量的相似关系 表 6-1

物理量	相似关系	物理量	相似关系
密度ρ	基本控制量，$C_\rho = 1$	时间t	$C_t = 1/15$
几何尺寸L	基本控制量，$C_L = 225$	频率ω	$C_\omega = 15$
加速度a	基本控制量，$C_a = 1$	重力加速度g	$C_g = 1$
弹性模量E	$C_E = 1/225$	阻尼比λ	1
泊松比μ	1	动弹性模量E_d	$C_{E_d} = 1/15$
黏聚力c	$C_c = 1/225$	渗透系数k	$C_k = 1/15$
内摩擦角φ	1	应变ε	1

此外，本章开展的是地震与降雨耦合作用下的边坡振动台试验，在确定相似材料渗透系数时，由于侵入岩和基岩渗透系数较低，碎裂岩带难以测得实际渗透系数，因此在参考郭亮等[3]对甘肃地震带附近花岗岩碎裂带渗透系数和杨晓松等[4]关于四川龙门山断裂带气液渗透性的研究基础上，确定碎裂岩相似材料渗透系数为1×10^{-7}m/s，而其他两个岩性渗透系数均小于碎裂岩参数，进而确保不同岩性渗透系数的差异。基岩的相似材料具体配比为细石英砂:重晶石粉:铁粉:石膏:甘油 = 0.443:0.266:0.177:0.0177:0.00542。侵入岩层的相似材料具体配比为细石英砂:粗砂:重晶石粉:石膏:甘油 = 0.213:0.071:0.568:0.0511:0.00722。碎裂岩带的相似材料具体配比为细石英砂:粗砂:重晶石粉:石膏:硅酸钠:甘油 = 0.148:0.444:0.296:0.0071:0.0107:0.0036。原岩和相似材料的基本物理力学参数如表6-2所示。

原岩和相似材料的基本物理力学参数 表 6-2

岩性	密度/（g/m³）	弹性模量/MPa	抗拉强度/MPa	内摩擦角/°	渗透系数/kPa
基岩	2.790	121.860	9.31	43.35	—
侵入岩	2.720	163.730	7.93	49.1	—
基岩-相似	2.801	0.553	0.0529	41.2	0.6×10^{-7}
侵入岩-相似	2.709	1.150	0.138	50.6	0.4×10^{-7}
碎裂岩-相似	2.642	0.181	0.0238	40.6	1.4×10^{-7}

此外，由于隧道衬砌结构厚度和高度均较小，模型难以采用相似材料进行浇筑。本章主要研究隧道结构对边坡的整体响应特征影响规律，不关注衬砌本身的破坏损伤过程。因此，为充分模拟实际隧道马蹄形断面，采用 PLA 树脂材料通过 3D 打印机进行隧道衬砌模型的制作。主要操作流程为：（a）采用 Soildwork 软件进行隧道三维建模；（b）采用闪印软件生成 3D 打印机操作流程的 G 代码；（c）开机—预热—调平—开始打印。图 6-5 展示了 3D 打印机制作马蹄形隧道的具体流程及试验成品。

本次试验采用的模型箱尺寸为 2.8m × 1.2m × 2.2m（长 × 宽 × 高）的刚性结构模型箱（图 6-6）。模型箱两侧安装有透明板材以方便观察边坡整体破坏形态。在砌筑过程中，针对振动台试验易产生的波场边界效应，在模型箱前后两侧安装 10cm 厚的泡沫板作为减震层。为减弱底部滑移和模型刚性振动，在模型箱底部铺设了 10cm 厚的粗砂垫层。

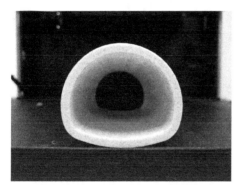

图 6-5　3D 打印衬砌隧道　　　　　图 6-6　边坡振动台模型

在整个边坡模型砌筑过程中，基岩、侵入岩和碎裂岩均采用现场浇筑的方式进行砌筑。首先将各相似材料按规定配比混合搅拌均匀后倒入模型箱中，按照体积控制原则以每 10cm 压实 1 次的方法将相似材料压实至指定密度。其次在砌筑过程中，先砌筑侵入岩区域，随后按基岩和碎裂岩的顺序砌筑。为模拟降雨作用，提前在坡表预埋塑胶软管，考虑实际入渗深度，软管长度设置为 10cm，在坡表以 40cm 的间隔均匀布设。此外，为方便后期对边坡损坏过程进行识别预测，在振动台正前方和右侧安装了摄影录像装置。图 6-6 展示了含复杂地质边坡的砌筑过程和录像监测装置。

6.2.2　振动台试验加载工况

考虑地震波波形对边坡的加速度响应特征和损伤均有一定影响[5]，本试验选择的地震波为近年来在研究区域附近地震烈度最大的地震波波形。根据调查可知，研究区域周边近年来地震烈度最大的是 2022 年 9 月 5 日发生在四川泸定县的 6.8 级地震[6]。因此，本章选择该泸定地震波作为研究波形，如图 6-7 所示。泸定地震波加速度峰值（PGA）出现在 2.29s 附近，而卓越频率为 0.86Hz。

综合考虑地震烈度、降雨作用以及地震波方向对复杂地质边坡动力响应特征的影响，试验加载工况按输入地震波幅值从小到大，方向先X向后Z向的顺序对边坡进行加载；当地震波幅值为 0.3g 时，采用平流泵对预埋软管进行注水以模拟降雨作用。当碎裂岩带内水分传感器出现示数变化时停止注水。最后以 0.1g 的幅值再对边坡进行地震加载试验。同时，在每一次地震波加载完成后均进行高斯白噪声扫频，以便后期开展频率域分析。试验具体加载工况如表 6-3 所示。

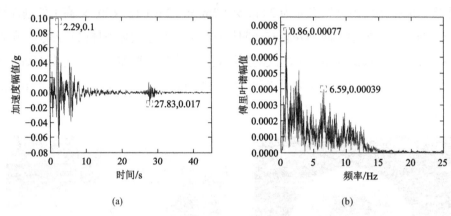

(a)   (b)

图 6-7   加载泸定地震波及傅里叶谱

（a）泸定波加速度时程曲线；（b）傅里叶谱

试验加载工况   表 6-3

序号	波形	方向	幅值/g	序号	波形	方向	幅值/g
1	白噪声	X	0.05	2	LD	X	0.1
3	LD	Z	0.1	4	白噪声	X	0.05
5	LD	X	0.2	6	LD	Z	0.2
7	白噪声	X	0.05	8	LD	X	0.3
9	LD	Z	0.3	10	白噪声	X	0.05
注水							
11	白噪声	X	0.05	12	LD	X	0.1
13	LD	Z	0.1	14	白噪声	X	0.05
15	LD	X	0.2	16	LD	Z	0.2
17	白噪声	X	0.05	18	LD	X	0.3
19	LD	Z	0.3	20	白噪声	X	0.05
21	LD	X	0.4	22	LD	Z	0.4
23	白噪声	X	0.05	24	LD	X	0.5
25	LD	Z	0.5	26	白噪声	X	0.05
27	LD	X	0.6	28	LD	Z	0.6
29	白噪声	X	0.05				

6.3 边坡动力响应时间域分析

一般而言，地震的幅值、波形、加载方向以及边坡地质地形条件均会对边坡动力响应规律造成重要影响[7-8]。因此，通过对边坡内部的加速度数据进行分析，可以探究上述因素对边坡动力响应的影响。而在试验过程中由于传感器连接或试验条件等外界因素干扰，采集到的加速度数据可能会出现高频失真等问题。为解决加速度时程曲线漂移、高频干扰等问题，本节在进行后续加速度分析时所采用的数据均已通过Butterworth 低通滤波器进行滤波并进行基线调整。此外，需要注意的是，在试验过程中由于仪器等因素造成碎裂岩内 A20、A24、A29 和基岩区域部分传感器数据失真，在后续试验分析中对该数据进行剔除处理。

6.3.1　边坡 PGA 响应规律研究

为探究*X*方向地震波加载过程中不同幅值地震波对边坡动力响应的影响情况，分别绘制了坡表和坡内PGA随相对高程的变化曲线（图 6-8 和图 6-9）。相对高程定义为该测点的高程与边坡整体高度的比值，例如测点 A1 的相对高程记为 0。

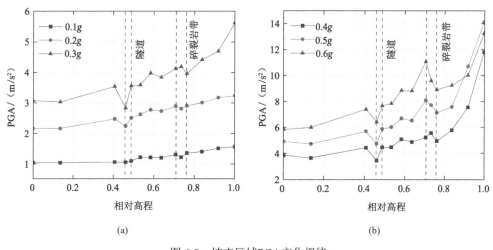

图 6-8　坡表区域PGA变化规律

（a）0.1g～0.3g工况下；（b）0.4g～0.6g工况下

从图 6-8 中可以看出，随着地震动幅值的增大，坡表PGA逐渐增大，整体呈现线性递增趋势，具有典型的高程放大效应。当地震波幅值在 0.3g 以下时，PGA增幅较小；当地震波幅值大于 0.3g 时，边坡坡表PGA增幅骤增。以 0.3g、0.5g和0.6g工况为例，相对高程在 0.76～1 区间内，0.3g地震波作用下该区域增幅为 42.3%，0.5g地震波作用下该区域增幅为 97.4%，0.6g地震波增幅为 48.34%。上述现象说明随着地震波幅值的增大，边坡表面测点的加速度增幅不是递增的，而是存在衰减现象。这是由于随着地震强度的增加，边坡表面逐渐产生次生裂隙，进而导致边坡材料阻尼比增大，能量耗散增强，最终导致该区域的动力响应增长幅度减小。此外，坡表PGA在隧道和碎裂岩区域附近存在衰减的现象，这是由于隧道拱脚区域对边坡加速度响应具有一定的抑制作用[9]；而碎裂岩由于材料本身阻尼比较大，孔隙较大并且覆盖层较厚，会在一定程度上阻碍地震波的传播。

从图6-9中可以看出，坡内PGA随着相对高程的增大而增大，随着地震动幅值的增大而增大，也表现出明显的高程放大效应。但与坡表不同的是，地震波在经过碎裂岩之后，测点A26的PGA具有一定的增长，这可能是由于测点A26位于碎裂岩、隧道衬砌以及基岩交错区域，从而产生了一定的波场叠加效应。同时，在图6-9中，当相对高程小于0.7时，坡内PGA增长较缓，无明显增幅；当相对高程大于0.7时，PGA出现骤增。这说明地震波对坡内影响主要作用于相对高程大于0.7的区域。

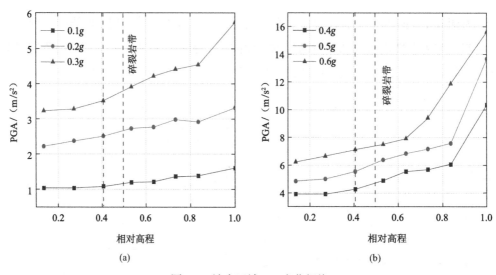

图6-9　坡内区域PGA变化规律

（a）0.1g～0.3g工况下；（b）0.4g～0.6g工况下

为进一步探究不同幅值地震波作用下，坡表和坡内的整体响应规律，基于试验加速度数据采用Kriging插值绘制了如图6-10所示的等值线云图。可以发现，PGA响应不是均匀或者线性变化的，由于侵入岩、隧道和碎裂岩的存在，导致边坡在坡角变化处（变坡点）位置存在一定的集中放大现象。边坡PGA具有一定的高程放大效应，但临空面放大效应不够明显，需要进一步探究碎裂岩带与衬砌对动力响应特征的影响规律。同时，随着加载工况幅值的增大，0.3g地震波作用下的边坡PGA整体大于0.1g作用下的PGA，并且坡顶放大区域更为集中，整体影响范围向隧道以下区域扩张。

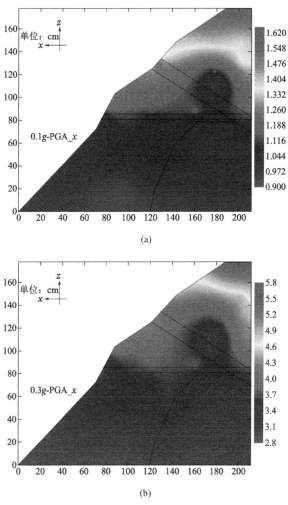

(a)

(b)

图 6-10　X 方向地震波作用下边坡PGA变化云图

（a）0.1g工况；（b）0.3g工况

6.3.2　地震波加载方向的影响分析

横波和纵波对边坡整体的作用机理和损伤影响情况不同，为探究Z向地震波对模型边坡的作用规律，以坡表测点为例绘制了PGA随相对高程变化曲线（图 6-11）。可以看出，PGA随着Z向地震波幅值的增大而波动性增大，但整体呈现一定的增长趋势。在隧道洞口处，拱脚区域大于拱顶；在碎裂岩内部，PGA也呈现增长趋势。这些变化均与X向地震波作用规律存在差异。这是因为纵波的传播路径与横波存在一定的差异，纵波在传播过程中造成一定

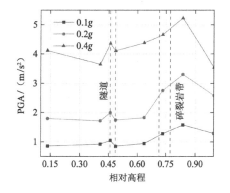

图 6-11　在Z向地震波作用下坡表PGA的变化规律

的能量耗散，而横波主要是在坡表形成放大集中。

此外，通过计算隧道下方测点（A3～A17）和碎裂岩下方测点（A30～A33）的增幅可以发现：在 0.1g地震波作用下隧道下方增幅为 22.45%，碎裂岩下方测点增幅为 35.27%。0.2g地震波作用下隧道下方增幅为 11.12%，碎裂岩下方增幅为 50.55%。由此发现，Z向地震波作用下隧道下方处于稳定区域，而碎裂岩区域及以下坡体由于更强的加速度放大效应则更易失稳破坏。

为更清晰地阐释Z向地震波下边坡整体的PGA变化规律，绘制了如图 6-12 所示的PGA云图。由图可知，竖向地震波作用下，PGA随着地震波幅值的增大而增大，并且主要集中在碎裂岩和坡顶区域。此外，还发现侵入岩区域具有更明显的加速度响应特征，这是因为 P 波主要沿竖直方向传播，并会存在一定向下传播的趋势；侵入岩相似材料的纵波波速要明显大于基岩材料，这也是导致该现象的原因之一。

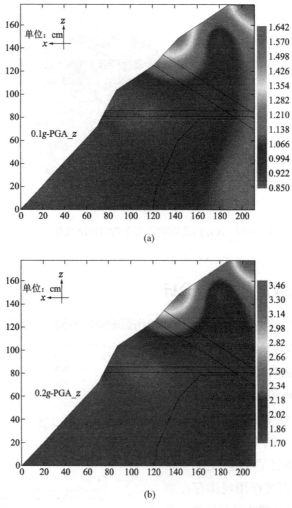

图 6-12　Z方向地震波作用下边坡PGA变化云图

（a）0.1g工况；（b）0.2g工况

由图 6-9 和图 6-11 对比可知，Z 向和 X 向地震波下边坡的动力响应特征存在明显的差异，为对比两种不同加载方向对边坡动力响应的影响情况，分别定义了 M_{PGA} 和 M_{PGAx}/M_{PGAz} 来探究纵波和横波两种加载方向的影响规律。其中 M_{PGA} 和 M_{PGAx}/M_{PGAz} 的计算公式如下所示：

$$M_{PGA} = PGA_i/PGA_{table} \tag{6-1}$$

式中，M_{PGA} 为峰值加速度放大系数，可以反映某点的加速度放大情况；PGA_i 为边坡第 i 个测点的 PGA，PGA_{table} 为振动台台面的 PGA。

$$M_{PGAx}/M_{PGAz} = \frac{M_{PGAx}}{M_{PGAz}} \tag{6-2}$$

式中，M_{PGAx}/M_{PGAz} 为横波-纵波放大系数比，能在一定程度上反映 X 和 Z 向地震波的大小关系，M_{PGAx} 和 M_{PGAz} 分别为 X 和 Z 向地震波下相同位置的 PGA 放大系数。

图 6-13 展示了各测点的横波-纵波放大系数比情况，从中可以发现：所有工况和所有测点的横波-纵波放大系数比大于 1 的约占 87%，说明横波对边坡 PGA 影响要大于纵波的影响范围。同时可以发现随着相对高程的增大，测点的放大系数比也在逐渐增大。

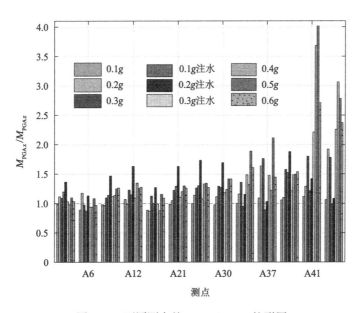

图 6-13　不同测点的 M_{PGAx}/M_{PGAz} 柱形图

进一步通过等值线云图探究了边坡整体的 M_{PGAx}/M_{PGAz} 放大情况（图 6-14）。由图可知，第一个变坡点和隧道上方坡体区域主要受 X 向地震波影响，边坡侵入岩区域和相对高程 0.3 以下区域更容易受 Z 向地震波影响。M_{PGAx}/M_{PGAz} 放大系数比大于 1 说明边坡整体变形响应更容易受横波影响，在地震稳定性分析和损伤加固研究方面要更注意 X 向地震波的作用范围。

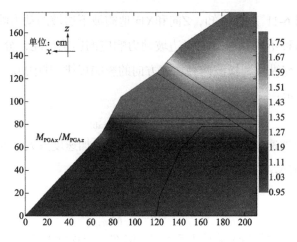

图 6-14   0.2g工况下边坡M_{PGAx}/M_{PGAz}云图

6.3.3   边坡地质地形效应的影响分析

由第 6.3.1 节和第 6.3.2 节可知，该模型边坡含有的侵入岩、碎裂带和衬砌结构造成了边坡整体动力响应的差异性，并且X向地震波对边坡的破坏起主导作用。因此，为了明晰边坡地质地形效应对PGA及其放大系数的影响，绘制了X向地震波作用不同水平下边坡的PGA变化曲线。

由图 6-15（a）可知，当横波从 A3 到 A6 时的变化规律为先减小后增大的变化趋势，这是因为地震波从 A3 到 A4 时，波在相同均质材料中传播，呈现了一定的坡表放大效应；而当地震波从 A4 到 A5 时，波从较为松散的物质中逐渐向致密的侵入岩传递，其在交界面处会产生不断反射和透射的地震波，从而引起该区域的PGA增大。

由图 6-15（b）可知，当地震波从 A30 传递到 A32 的整体变化趋势为先减再增，这是因为水平波在传播过程中经过了碎裂岩带的衰减作用，从而造成了相对水平距离 0.4～0.7 区域范围内的PGA衰减现象。

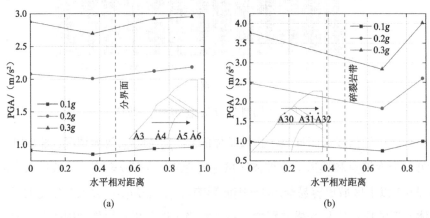

(a) (b)

图 6-15   不同水平下边坡PGA变化规律
（a）A3～A6 水平；（b）A30～A32 水平

由于边坡不同区域PGA响应存在差异，为了更好地比较不同水平区域的PGA放大系数，采用M_{PGA}定义绘制了 0.3g工况下的等值线云图（图 6-16）。由此可以发现，边坡整体存在 3 个水平M_{PGA}突变区域：分别为相对高程 0.15 处、隧道处及碎裂岩带。因此，在后续边坡施工或防护过程中，对这些突变区域要注意监测。

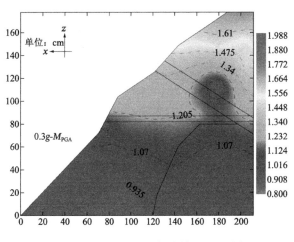

图 6-16　0.3g工况下的边坡M_{PGA}云图

6.3.4　降雨作用对加速度响应的影响

由第 6.3.1～6.3.3 节可知，X向地震波主要控制边坡破坏范围，并且不同幅值地震波工况的PGA响应差值较大。因此为更好地分析降雨和地震动幅值对边坡动力响应特征的影响情况，本节在后续试验分析中只分析X向地震波加速度，并采用PGA放大系数（M_{PGA}）对注水降雨前后边坡响应特征进行分析。

图 6-17 和图 6-18 分别给出了在 0.1g和 0.2g降雨工况前后坡内和坡表的M_{PGA}变化曲线。根据图 6-17 可以发现，降雨对加速度具有一定的放大效应，相对高程越大该放大系数越大。同时，降雨后坡表M_{PGA}大于降雨前的相对高程位于隧道拱脚以上，说明拱脚以上区域是边坡动力响应放大区域，即工程实际需要重点防护的区域。由图 6-18 可知，降雨后坡内M_{PGA}大于降雨前的相对高程位于 0.3 处，这是由于在地震动作用下降雨沿碎裂带逐渐入渗到边坡内部，进而造成坡内M_{PGA}的变化。

对比图 6-17 和图 6-18 可以发现：在 0.1g地震波作用下，降雨前后的坡表和坡内的最大PGA放大系数增幅分别为 19.68%，7.69%；在 0.2g地震波作用下，降雨前后的坡表和坡内的PGA放大系数增幅分别为 19.63%，8.01%；上述M_{PGA}衰减现象说明，边坡在降雨后的 0.2g工况下可能部分区域已经开始损伤，并且小幅地震可能对降雨入渗起到一定的促进作用[10]。

为进一步阐明降雨作用对复杂地质边坡的动力响应规律，图 6-16 和图 6-19 分别绘制了降雨前后 0.3g工况下边坡M_{PGA}等值线云图。对比两图可以发现，降雨后边坡坡顶区域的动力响应更加强烈，并且边坡整体的M_{PGA}放大区域逐渐向侵入岩方向扩展。在图 6-19 中可以发现隧道洞口段存在明显的加速度差异性变化，这种差异性可能是隧道底板拱起和隧道上方滑塌灾害出现的原因[11]。

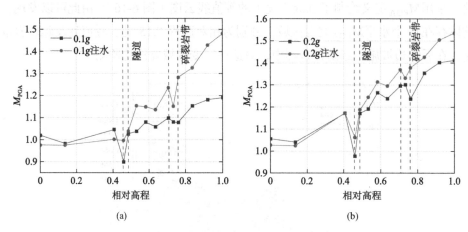

图 6-17　坡表区域M_{PGA}变化规律

（a）0.1g工况；（b）0.2g工况

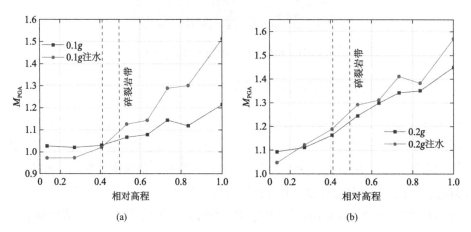

图 6-18　坡内区域M_{PGA}变化规律

（a）0.1g工况；（b）0.2g工况

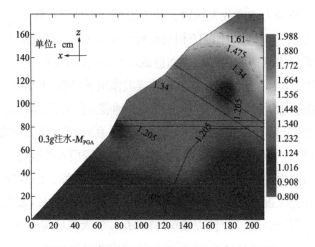

图 6-19　降雨后 0.3g工况下的边坡M_{PGA}云图

6.4 边坡动力响应频率域分析

边坡地震动力响应特征实际上是地震波在边坡内不断进行反射或折射的传播运动，最终在不同区域形成不同的加速度或能量集中。在第 6.3 节中针对PGA和M_{PGA}已经进行了相关研究，但地震波是一种典型的非平稳信号，当边坡内部构造复杂时，某些特殊频率段的波会对边坡造成影响[12]。因此，利用加速度分析难以充分揭示边坡的动力响应特征，本节主要采用 FFT、传递函数和模态分析等手段从频率域角度去阐述复杂地质结构对边坡固有频率及破坏变形的影响。

6.4.1 边坡傅里叶谱特征分析

地震波不同频率波段对边坡的动力演化规律具有不同的影响。为分析傅里叶谱特征与边坡动力响应和损伤演化之间的关系，以 0.1g、0.3g、降雨后 0.1g、降雨后 0.3g 和 0.5g工况为例，通过 FFT 绘制了不同测点的傅里叶谱，探讨了地震振幅和降雨等作用对频谱特征的影响。不同工况下的傅里叶谱如图 6-20 所示。

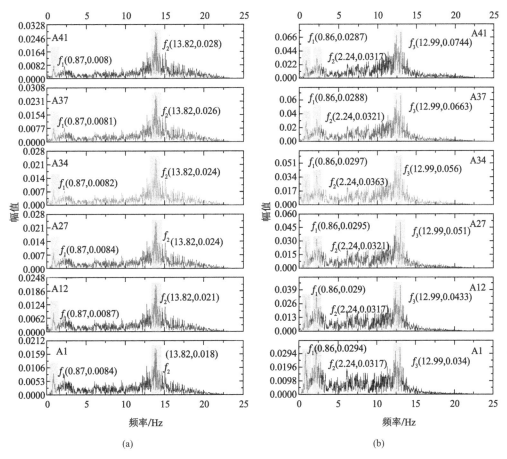

(a)　　　　　　　　　　　　　　(b)

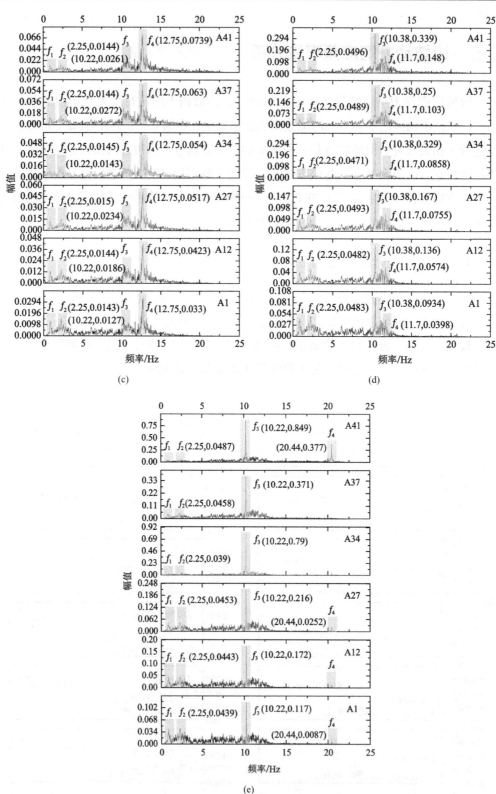

图 6-20 不同工况下的傅里叶谱特征

（a）0.1g；（b）0.3g；（c）降雨后 0.1g；（d）降雨后 0.3g；（e）0.5g

由图 6-20 可知，当加载工况为 0.1g时，边坡主要存在两个峰值频率段，分别为 0.87Hz（f_1）和 13.82Hz（f_2）段，并且f_2段具有傅里叶谱幅值。同时，随着高程的增加，f_2段幅值也在不断增大。当加载工况为 0.3g时，边坡卓越频率段开始出现分化，出现了 3 个阶段的主频段，分别为 0.87Hz（f_1）、2.24Hz（f_2）和 12.99Hz（f_3）段，并且主频f_3具有此时的傅里叶谱幅值。

同时，还注意到边坡各点的傅里叶谱峰值对应的频率逐渐向左移动，即边坡主频逐渐较小，说明随着地震振幅的增大，边坡内部产生了一定的次生裂隙而导致边坡整体刚度降低，进而引起边坡主频的减小。

当降雨完成后（图 6-20c），边坡傅里叶谱出现明显的分化特征：首先，边坡卓越频率段首次变为 4 个，其分别对应 0.87Hz（f_1）、2.25Hz（f_2）、10.22Hz（f_3）和 12.75Hz（f_4）段，并且主频f_4具有此时的幅值。从图 6-20（a）～（c）对比中可以发现，降雨后各测点的傅里叶谱峰值明显增大，并且卓越频率进一步减小。当降雨结束后加载 0.3g地震波，边坡卓越频率段由f_4向f_3转移，并且各点均出现不同幅度的增大。当加载 0.5g地震波时，边坡部分区域 15～25Hz 频率段已经消失，频率主要集中在f_3段（10.22Hz）。

综合分析图 6-20 可知，降雨和地震振幅作用导致边坡卓越频率逐渐降低；边坡损伤后具有一定的高频滤波作用。此外，加载泸定地震波的卓越频率（0.87Hz）基本不受外界干扰，幅值基本保持不变。当地震动幅值达到一定程度时，会出现明显的主频转换阶段。

6.4.2　边坡传递函数参数特征分析

地震波在边坡岩体内是自下而上的一个传播过程。在传播过程中，边坡复杂的地质构造会对岩体内某些频率段造成影响。同时，当地震波频谱对边坡模型造成损伤时，边坡本身的固有函数也会发生改变。因此，基于每次工况结束后的白噪声扫频工况，通过传递函数对边坡自身的固有频率开展了相关研究。

根据传递函数求解边坡固有频率主要原理介绍如下。

将输入和输出信号进行拉普拉斯变换并进行比值即为传递函数，具体理论公式：以单自由度系统的振动方程为例

$$m\ddot{x} + c\dot{x} + kx = f(t) \tag{6-3}$$

如果初始条件为 0，当位移和速度值为 0 时，对式(6-3)进行拉氏变换得

$$X(s) = \xi[x(t)], F(s) = \xi[f(t)], (s = i + jw \text{为复变量}) \tag{6-4}$$

$$(ms^2 + cs + k)X(s) = F(s) \tag{6-5}$$

整理得

$$X(s) = H(s)F(s)$$

$$其中 H(s) = \frac{1}{ms^2 + cs + k} \tag{6-6}$$

式中，$H(s)$即为响应的传递函数，当s为jw时式(6-6)即为相应的频响函数。

将式(6-6)中的传递函数改写为幅频实部和虚部曲线表达式：

$$H^R(w) = \frac{1}{k} \cdot \frac{1 - \lambda^2}{(1 - \lambda^2)^2 + 4\lambda^2\xi^2} \quad H^I(w) = \frac{j}{k} \cdot \frac{2\lambda\xi}{(1 - \lambda^2)^2 + 4\lambda^2\xi^2} \tag{6-7}$$

式中，$H^R(w)$为实部，$H^I(w)$为虚部。

根据振动模态分析理论[13]，绘制出相应的虚频特征图谱即可求得固有频率和阻尼比。固有频率为虚频函数极值所对应的频率，阻尼比根据半功率谱进行确定。

本节进行分析的传递函数由 MATLAB 编程求得，数据来源为振动台模型试验加速度结果。需要注意的是，传递函数的输入加速度时程为 A1 点时程曲线，根据 A1 点加速度计算其他各点的传递函数，并提取虚部进行频响函数绘制。各个工况下测点的虚频函数如图 6-21 所示。

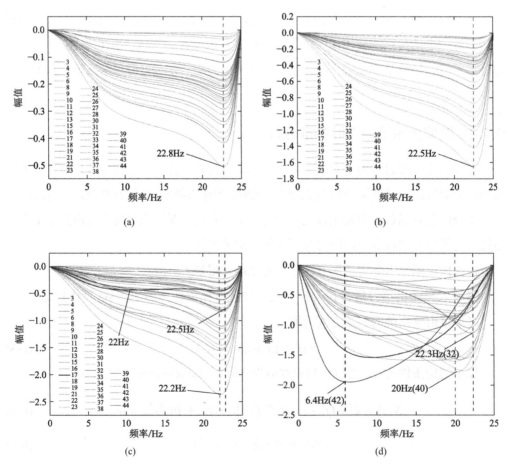

(a)

(b)

(c)

(d)

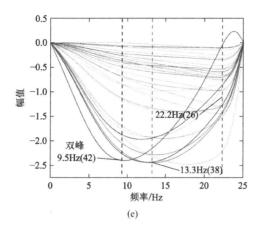

图 6-21　不同工况下的虚频函数特征

（a）0.1g；（b）0.3g；（c）降雨后 0.1g；（d）降雨后 0.3g；（e）0.5g

从图中可以发现，在降雨作用之前，随着地震动幅值的增大，频率从 22.8Hz 降为 22.5Hz，整体衰减幅度较小，约为 1.32%。由图 6-21（c）可以发现，当注水降雨结束后，边坡不同区域出现了频率分化，尤其是 A17 测点位置，隧道下方的固有频率明显下降为 22Hz。当地震波再次加载为 0.3g 地震动幅值时，边坡各测点的固有频率出现明显的差异性，坡顶区域（A42）衰减了 71.2%，碎裂岩带附近（A40）衰减了约为 10%。上述现象说明，当地震波达到 0.3g 时，边坡各点的损伤程度可由固有频率及其衰减程度进行识别。当地震动幅值达到 0.5g 时，坡顶区域出现了双峰现象，并且大部分测点的固有频率逐渐向 10～13.3Hz 开始靠拢，这与傅里叶谱结果可以形成对照。

由图 6-22 分析可知：降雨前，边坡阻尼比随地震动幅值变化较小，在 0.1g～0.2g 范围内有所衰减可能是因为：当地震动幅值较小时，坡体产生了压密现象。当降雨后，边坡阻尼比和自振频率出现明显下降，A17 阻尼比增大了 16.21%，自振频率减小了 13.4Hz，表明在该阶段岩质边坡的部分区域已经出现损伤变形。降雨后当地震动幅值增长为 0.2g 时，边坡各测点阻尼比和固有频率出现了明显的骤增变化，说明在该阶段边坡破坏开始加剧，部分位置已经开始出现失稳变形。

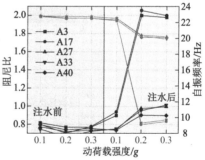

图 6-22　边坡阻尼比及自振频率

6.4.3　边坡模态振型特征分析

模态分析本质上是将直角坐标系的物理向量转换到模态坐标系统进行分析。由实验振动模态分析可知[13]，式(6-6)的传递函数可以改写为留数模式：

$$H(s) = \frac{X(s)}{F(s)} = \sum_{i}^{n} \left(\frac{a_{ip,j}}{s - s_i} - \frac{a_{ip,j}^*}{s - s_i^*} \right) \tag{6-8}$$

式中，a_{ip} 为第 i 个位置的残数；j 为虚数；*为共轭；s_i 为第 i 个位置的极差点。

由实验模态分析理论可知[14]，传递函数中某一列或一行对应的即为模态矢量信息。将传递函数坐标系转换为广义坐标系表示并求解相关留数矩阵即可求出相应的模态向量。

基于上述关于留数和传递函数的定义，本小节采用图解法对边坡一阶主振型模态进行求解，并对边坡各点的模态矢量进行正交化处理。模态振型分析结果的等值线云图如图 6-23 所示。

可以发现，在 0.3g 地震波工况下，边坡模型整体模态变形主要分为三个部分：隧道以下整体模态变形较小；在隧道上方区域和碎裂岩带区域，整体变形约为隧道以下区域的 2～3 倍；在坡顶区域存在最大值，约为隧道下方区域的 4～5 倍。

当边坡损伤破坏时，由于隧道、碎裂岩和侵入岩的交错分布，降雨后加载 0.3g 地震波工况下的主振型模态呈现出明显的复杂性。首先，边坡整体变形范围向隧道以下方向扩展；其次，碎裂岩中上部区域变形开始加剧；最后，隧道洞口段出现明显变形，这些现象均可为时间域内 PGA 参数分析结果提供进一步佐证。

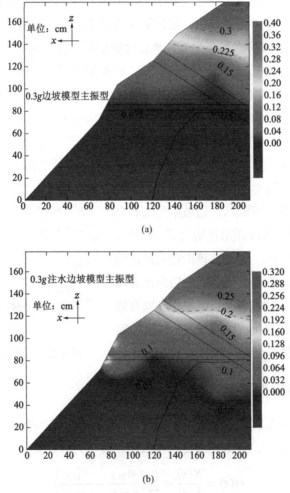

图 6-23　不同工况下模型边坡的主振型模态

（a）0.3g 地震波；（b）注水后 0.3g 地震波

6.5　边坡动力响应时频域分析

Hilbert-Huang 变换作为处理非平稳非线性地震波的常用手段，其能克服频域傅里叶谱分析对窗函数和小波分析对基函数的选择问题，并能够在时频域内通过能量的方式对边坡损伤区域进行识别。近年来，研究人员逐渐开始通过 HHT 和边际谱对边坡动力响应和损伤进行研究，并取得相关成果。例如，Song 等[15]通过 HHT 对库水作用下含结构面边坡的损伤破坏进行了研究。杨长卫等[16]通过 HHT 研究了基覆型边坡的损伤机理。Lei 等[17]通过 HHT 研究了隧道-边坡体系的整体垮塌规律。目前，研究人员将 HHT 用于降雨作用下碎裂岩带动力响应规律的研究较少，故本节主要通过 HHT 和边际谱联合的方式对边坡的地震动力响应和破坏过程进行探究。

HHT 变换的基本原理为：

（1）通过三次样条插值对曲线极大值和极小值进行搜索获得上下包络线，对包络线进行判定从而获得一系列平稳信号 IMF 和残余项r；将时域信号记为$X(t)$，如下式所示：

$$X(t) = \sum_{i=1}^{n} \mathrm{IMF}_i(t) + r(t) \tag{6-9}$$

（2）对各项 IMF 进行 HT 变换，具体公式如下：

$$H[\mathrm{IMF}_i(t)] = h(t) \times \mathrm{IMF}_i(t) = \int_{-\infty}^{\infty} s(\tau)h(t-\tau)\,\mathrm{d}\tau = \frac{1}{\pi}\int_{-\infty}^{\infty}\frac{s(\tau)}{t-\tau}\,\mathrm{d}\tau \tag{6-10}$$

式中，$h(t) = \frac{1}{\pi t}$，$H[\mathrm{IMF}_i(t)]$为将要进行 HT 变换的 IMF 信号。

（3）构造解析信号，并利用欧拉公式进行求解；

$$z(t) = \mathrm{IMF}_i(t) + jH[\mathrm{IMF}_i(t)] = A(t)\mathrm{e}^{j\varphi(t)}$$

$$A(t) = \sqrt{\mathrm{IMF}_i^2(t) + H^2[\mathrm{IMF}_i(t)]}$$

$$\varphi(t) = \arctan\frac{H[\mathrm{IMF}_i(t)]}{\mathrm{IMF}_i(t)} \tag{6-11}$$

式中，$A(t)$为瞬时振幅；$\varphi(t)$为瞬时相位。

（4）对瞬时相位进行求导，从而获得瞬时频率；

$$f(t) = \frac{1}{2\pi}\frac{\mathrm{d}\varphi(t)}{\mathrm{d}t} \tag{6-12}$$

根据上述步骤可获得每个 EMD 分解后 IMF 函数的瞬时频率，对获得 IMF 希尔伯特谱进行积分汇总即可得到完整信号 Hilbert 能量谱，Hilbert 能量谱可反应原始信号在时间-频率域上分布规律，对进一步探究地震响应特征具有重要意义。

6.5.1 基于 Hilbert 能量谱的边坡响应特征分析

通过 MATLAB 程序绘制了相关的 Hilbert 能量谱，受篇幅所限，仅对坡表的部分测点的 Hilbert 能量谱进行分析探讨。图 6-24～图 6-27 分别展示了 A1、A15、A17 和 A33 测点的 Hilbert 能量谱。

在降雨作用结束后，0.1g 地震波作用下，边坡测点具有明显的 Hilbert 谱峰值表征差异性。A1 处的谱峰值主要体现在 8～12s、5～13Hz 范围内，并且在 0～5Hz 具有第二谱峰值；A15 处的谱峰值主要集中在 8～12s、5～13Hz 范围内，0～5Hz 的谱峰值已逐渐消失；A17 处的谱峰值主要集中体现在 8～12s、5～13Hz 范围内，0～5Hz 的谱峰值逐渐消失，并且在 12～40s 范围内出现一条 12Hz 频率带；A33 测点的谱峰值大部分集中在 5～13Hz，其他区域无明显谱值出现；A41 处的谱峰值进一步向 8～12s、5～15Hz 区域集中。

降雨后在 0.3g 地震波作用下，边坡除 A1 和 A15 位置在 0～5Hz 还存在谱峰值，其余各点谱峰值均已集中在 8～12s、5～10Hz 范围内。说明在该阶段作用下，边坡隧道以上区域出现明显的损伤，从而导致 Hilbert 能量谱峰值出现集中与分化差异。由 Hilbert 能量谱分析可知，能量谱相比傅里叶谱能更集中、准确地识别边坡损伤的时间和敏感频域区间，能够进一步对时域结果进行分析和阐述补正。

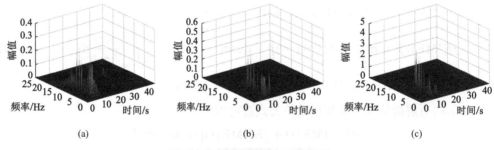

图 6-24　A1 测点 Hilbert 能量谱

（a）0.1g工况；（b）0.1g降雨；（c）0.3g降雨

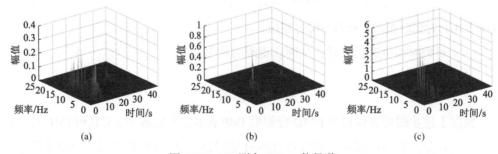

图 6-25　A15 测点 Hilbert 能量谱

（a）0.1g工况；（b）0.1g降雨；（c）0.3g降雨

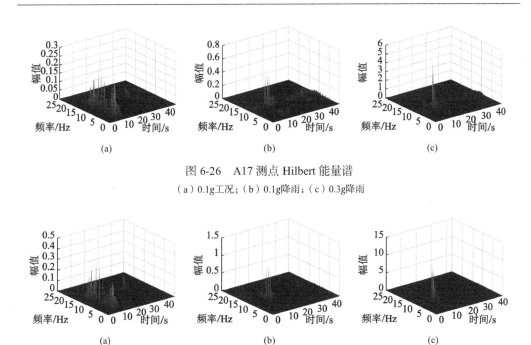

图 6-26　A17 测点 Hilbert 能量谱

（a）0.1g工况；（b）0.1g降雨；（c）0.3g降雨

图 6-27　A33 测点 Hilbert 能量谱

（a）0.1g工况；（b）0.1g降雨；（c）0.3g降雨

6.5.2　基于边际谱的边坡响应特征分析

边际谱是由 Hilbert 谱在时间轴上进行积分得到式(6-13)，其主要表征地震动能量在频率域上的分布，其幅值大小的意义是此次地震波传播过程出现该频率的概率。即幅值越大，该频率出现概率越大。

$$h(\omega) = \int_0^T H(\omega, t)\,\mathrm{d}t \tag{6-13}$$

图 6-28 和图 6-29 分别给出了坡表和坡内各点降雨前后的边际谱对比结果。由图 6-28 可知，降雨前边际谱峰值随着相对高程的增大呈整体增大趋势，坡顶边际谱幅值是坡脚处的 1.91 倍。在第二个变坡点位置（A27）以下，边坡边际谱幅值在 0～4Hz 和 8～12Hz 区间内出现，而随着相对高程的增大，0～4Hz 区间幅值逐渐消失，说明 0～4Hz 的频率对坡顶区间影响作用较小，这在傅里叶谱中是较难发现的。同时，对比图 6-28（a）和图 6-29（a）可知，坡内的边际谱幅值较小于坡表，同时坡内 12～16Hz 的幅值起伏更加明显，说明该区域段对坡内的动力响应特征影响更大。

对比分析降雨注水后的边际谱可知：随着相对高程的放大，边际谱幅值也是呈现增大趋势。与降雨前的边际谱峰值相比，降雨后边坡的边际谱峰值变成了类似"正态分布"的分布趋势。当边坡相对高程为隧道以下，0～4Hz 频率段地震波对边坡损伤变形还存在一定的影响。由此可知，边际谱特征对局部频域的识别判断能进一步补充傅里叶和 Hilbert 谱分析结果，从而对局部损伤进行解释。

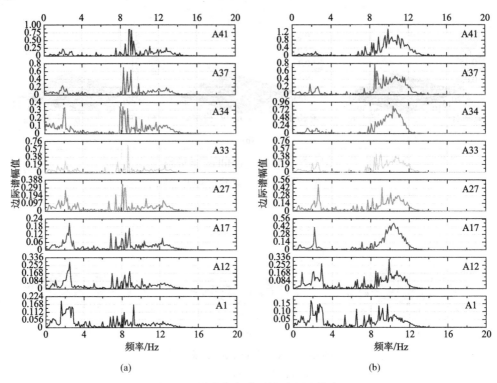

图 6-28　坡表各点降雨前后边际谱对比

（a）降雨前；（b）降雨后

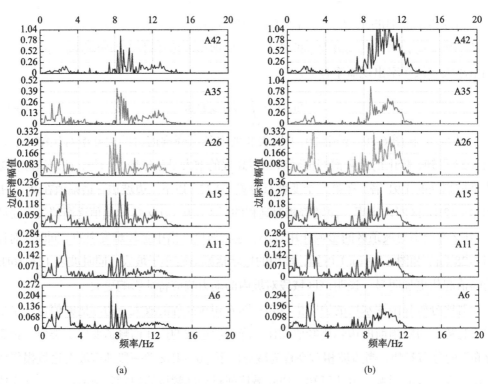

图 6-29　坡内各点降雨前后边际谱对比

（a）降雨前；（b）降雨后

参 考 文 献

[1] Cao L C, Zhang J J, Wang Z J, et al. Dynamic response and dynamic failure mode of the slope subjected to earthquake and rainfall [J]. Landslides, 2019, 16(8): 1467-1482.

[2] Fan G, Zhang L M, Zhang J J, et al. Time-frequency analysis of instantaneous seismic safety of bedding rock slopes [J]. Soil Dynamics and Earthquake Engineering, 2017, 94(3): 92-101.

[3] 郭亮, 胡卸文, 李晓昭, 等. 花岗岩断裂带原状裂隙岩水力特性试验研究[J]. 岩土力学, 2018, 39(11): 3937-3948.

[4] 杨晓松, 段庆宝, 陈建业. 汶川地震断裂带水岩相互作用及其对断裂带演化影响[J]. 地球物理学报, 2018, 61(5): 1758-1770.

[5] Yang C W, Tong X H, Chen G P, et al. Assessment of seismic landslide susceptibility of bedrock and overburden layer slope based on shaking table tests [J]. Engineering Geology, 2023, 323(2023): 1-18.

[6] Zhang D F, Wang J D, Qi L R, et al. Initiation and movement of a rock avalanche in the Tibetan Plateau, China: insights from field observations and numerical simulations [J]. Landslides, 2022, 19(11): 2569-2591.

[7] Song D, Liu X, Huang J, et al. Seismic cumulative failure effects on a reservoir bank slope with a complex geological structure considering plastic deformation characteristics using shaking table tests [J]. Engineering Geology, 2021, 286(1): 106085.

[8] Song D, Liu X, Li B, et al. Assessing the influence of a rapid water drawdown on the seismic response characteristics of a reservoir rock slope using time-frequency analysis [J]. Acta Geotechnica, 2021, 16(4): 1281-1302.

[9] Shi W, Zhang J, Song D, et al. Dynamic response characteristics and instability mechanism of high-steep bedding rock slope at the tunnel portal in high-intensity seismic region [J]. Rock Mechanics and Rock Engineering, 2024, 57(1): 827-849.

[10] Bontemps N, Lacroix P, Larose E, et al. Rain and small earthquakes maintain a slow-moving landslide in a persistent critical state [J]. Nature Communications, 2020, 11(1): 780.

[11] Wang Q, Geng P, Li P, et al. Dynamic damage identification of tunnel portal and verification via shaking table test [J]. Tunnelling and Underground Space Technology, 2023, 132(3): 104923.

[12] Song D, Liu X, Huang J, et al. Energy-based analysis of seismic failure mechanism of a rock slope with discontinuities using Hilbert-Huang transform and marginal spectrum in the time-frequency domain [J]. Landslides, 2020, 18(1): 105-123.

[13] 曹树谦, 张文德, 萧龙翔. 振动结构模态分析: 理论, 实验与应用[M]. 天津: 天津大学出版社, 2001.

[14] Tong X H, Lian J, Zhang L. Damage evolution mechanism of rock-soil mass of bedrock and overburden layer slopes based on shaking table test [J]. Journal of Mountain Science, 2022, 19(12): 3645-3660.

[15] Song D, Che A, Chen Z, et al. Seismic stability of a rock slope with discontinuities under rapid water drawdown and earthquakes in large-scale shaking table tests [J]. Engineering Geology, 2018, 245: 153-168.

[16] 杨长卫, 童心豪, 蔡德钧, 等. 基于 HHT 的地震作用下基覆型边坡坍塌特性研究[J]. 中国铁道科学, 2021, 42(5): 12-20.

[17] Lei H, Wu H G, Qian J G. Seismic failure mechanism and interaction of the cross tunnel-slope system using Hilbert-Huang transform [J]. Tunnelling and Underground Space Technology, 2023, 131(1): 1-16.